周期表

10	11	12	13	14	15	16	17	18	族／周期
								2 **He** ヘリウム 4.003	1
			B ホウ素 10.81	6 **C** 炭素 12.01	7 **N** 窒素 14.01	8 **O** 酸素 16.00	9 **F** フッ素 19.00	10 **Ne** ネオン 20.18	2
			13 **Al** アルミニウム 26.98	14 **Si** ケイ素 28.09	15 **P** リン 30.97	16 **S** 硫黄 32.07	17 **Cl** 塩素 35.45	18 **Ar** アルゴン 39.95	3
28 **Ni** ニッケル 58.69	29 **Cu** 銅 63.55	30 **Zn** 亜鉛 65.38	31 **Ga** ガリウム 69.72	32 **Ge** ゲルマニウム 72.63	33 **As** ヒ素 74.92	34 **Se** セレン 78.97	35 **Br** 臭素 79.90	36 **Kr** クリプトン 83.80	4
46 **Pd** パラジウム 106.4	47 **Ag** 銀 107.9	48 **Cd** カドミウム 112.4	49 **In** インジウム 114.8	50 **Sn** スズ 118.7	51 **Sb** アンチモン 121.8	52 **Te** テルル 127.6	53 **I** ヨウ素 126.9	54 **Xe** キセノン 131.3	5
78 **Pt** 白金 195.1	79 **Au** 金 197.0	80 **Hg** 水銀 200.6	81 **Tl** タリウム 204.4	82 **Pb** 鉛 207.2	83 **Bi**＊ ビスマス 209.0	84 **Po**＊ ポロニウム (210)	85 **At**＊ アスタチン (210)	86 **Rn**＊ ラドン (222)	6
110 **Ds**＊ ダームスタチウム (281)	111 **Rg**＊ レントゲニウム (280)	112 **Cn**＊ コペルニシウム (285)	113 **Nh**＊ ニホニウム (284)	114 **Fl**＊ フレロビウム (289)	115 **Mc**＊ モスコビウム (288)	116 **Lv**＊ リバモリウム (293)	117 **Ts**＊ テネシン (293)	118 **Og**＊ オガネソン (294)	7

63 **Eu** ユウロピウム 152.0	64 **Gd** ガドリニウム 157.3	65 **Tb** テルビウム 158.9	66 **Dy** ジスプロシウム 162.5	67 **Ho** ホルミウム 164.9	68 **Er** エルビウム 167.3	69 **Tm** ツリウム 168.9	70 **Yb** イッテルビウム 173.1	71 **Lu** ルテチウム 175.0
95 **Am**＊ アメリシウム (243)	96 **Cm**＊ キュリウム (247)	97 **Bk**＊ バークリウム (247)	98 **Cf**＊ カリホルニウム (252)	99 **Es**＊ アインスタイニウム (252)	100 **Fm**＊ フェルミウム (257)	101 **Md**＊ メンデレビウム (258)	102 **No**＊ ノーベリウム (259)	103 **Lr**＊ ローレンシウム (262)

Electronic and Optical Materials

電子・光材料 第2版 新装版

基礎から応用まで

澤岡　昭 著

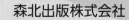

森北出版株式会社

新装版のはじめに

　本書は可能なかぎり数式を使わないで，電子・光材料の要点が理解できることを目指して記述したテキストです．図は現象を直感的に理解する有効な手段です．新装版では図を2色化することによって，読者の理解がさらに深まることを期待しています．

2020年8月　　　　　　　　　　　　　　　　　　　　　　　　　　　　澤岡　昭

第2版のはじめに

　電子部品製造はものづくり日本の基幹産業です．かつて，わが国のお家芸とされたテレビやスマートフォンをはじめとする多くの家電や電子機器産業は東アジア諸国に世界シェアを奪われ，今後も低価格量産の分野で日本が復活することは極めて難しいと考えられます．一方，わが国は電子部品の分野では大きな世界シェアを占めており，とくに，東アジアの製品に日本製の部品が多く使われています．日本製の部品が東アジアはじめ世界各国の家電や電子機器産業を支えているのです．大量生産が難しい職人仕事の要素が大きい，高級少量多品種の分野ではわが国は圧倒的な強さを保持しています．しかし，東アジアや欧米の激しい追い上げが続いており，一瞬たりとも油断することはできません．絶え間ない電子材料の技術開発こそ，わが国がもっとも力を入れるべき重点研究開発分野であると考えられます．上記の役に立てばと思い，本書を執筆しました．

　第2版では電子材料と光材料だけではなく，近年重要性が高まっているエネルギー材料について新たな章を加えました．地球温暖化の主な要因は大気中の二酸化炭素の増加であるといわれています．その対策として，石油や石炭などの化石燃料の使用量を抑制するために，一層の省エネルギーと再生可能エネルギーの利用促進が進められています．本書では，このことと関連して，太陽光発電と新しい蓄電池，燃料電池を支える材料について説明しました．

2015年10月　　　　　　　　　　　　　　　　　　　　　　　　　　　澤岡　昭

はじめに

　21世紀の世界は情報通信技術（ICT）が急速な進歩を続けており，膨大な情報をいつでも，どこでも，誰もが利用できる社会（ユビキタス社会）が実現しようとしています．

　現在のICTを支えている縁の下の力持ちが大規模集積回路（超LSI）です．LSIの集積度は年々高まっており，最近では10 mm角のシリコン基板に10億個以上の素子を組み込んだシリコンチップが生産されています．

　この生産技術が超LSI製造に代表される微細加工技術—ナノテクノロジー（nanotechnology，通称ナノテク）です．ナノテクは通常，100万分の1（μ，マイクロ）の10分の1以下である1000万分の1メートル（0.1 μm，100 nm）以下の加工技術を指しています．

　ナノテクによって超LSIだけではなく，半導体レーザや光記憶素子の微細化も急速な進歩を遂げており，ナノテクと電子素子や光素子の高性能化とは切り離すことができない関係にあります．

　本書では，このナノテクノロジーによって開発されたエレクトロニクスに関連の深い電子材料と，新しい電気材料について述べました．

　電子材料（electronic materials）と電気材料（electric materials）を区別する定義があるわけではありませんが，本書では，電子機器に使われている電気電子材料に加えて光材料について解説しました．

　材料が実際に使用されるまでには，信じられないほど多くの研究が行われ，その結果としてほんの一握りの材料だけが実用化の対象になります．さらに，その内の限られたものが実用材料として実際に使用されます．実用化されずにいつしか埋もれた材料が少なくありません．

　たとえば，酸化物高温超伝導体は優れた特性をもちながら，工業材料としての欠点を克服することができないため，本格的な実用に至っていない電子材料です．将来，欠点が克服されて，実用化の可能性が十分にある材料についても解説しました．

　本書は，高校の物理と化学は履修したが，大学や高等専門学校で専門基礎科目として固体物理や固体化学の履修をしていない読者を前提に執筆しました．

　大学や高専で，教科書として使用する場合の便宜を考えて全12章の構成とし，導電材料，絶縁材料，誘電材料，磁性材料，半導体材料，光材料，超伝導材料などをさまざまな角度から取り上げました．

　また，どの章から読んでもある程度の理解が得られるよう，重要な事柄については重複があっても，それぞれの章で述べました．

　各節ごとに例題と章末に演習問題をつけました．すべて，空欄を語句で埋める問題です．語句は，数題のグループに記載した用語の中から選んで下さい．一見，やさしい問題のように思えますが，決してやさしくありません．問題を理解するだけでも相当に勉強になるはずです．問題を最後まで解くことをお奨めします．

　最後に，本書の執筆にあたり森北出版（株）の方々に大変お世話になりましたことに厚くお礼申しあげます．

2007 年 3 月　　　　　　　　　　　　　　　　　　　　　　　　澤岡　昭

目　次

第1章
電子・光材料を学ぶために

　電子材料や光材料はさまざまな分野で使われている．これらの材料の性質は多岐にわたり，すべてについて理解することは難しい．できるだけ共通の性質や現象を見つけ，単純化して理解することが何より必要である．まずは，それぞれの材料をつくっている原子の配列と，電子の振る舞いを理解することによって，材料の特性についてある程度の理解が可能になる．

　材料の性質を物性とよんでいる．本章では，電子・光材料の物性を理解するために必要な基本的な考え方を説明する．材料のほとんどは微小な結晶の集合体である．結晶は原子が規則的に配列した固体であり，原子どうしの結合を化学結合とよんでいる．電子・光材料を学ぶ第一歩として，化学結合と結晶構造の概念を解説する．

1.1　構造材料と機能材料

　英語では，材料も物質もマテリアル（material）である．しかし，物質と材料の意味は違う．材料とは物質を人間の役に立つように加工したものである．物質は人間の役に立とうが立つまいが，この世に存在するものであり，人間と関係なく存在しているものである．材料科学の英語訳はmaterials scienceであり，materialは複数扱いにしている．

　多くの場合，材料は構造材料（structural materials）と機能材料（functional materials）に分類されている．構造材料はその名のように，力学的に構造を支えることを目的とした材料で，機械部品や自動車部品，建築構造物などに使われる材料を指している．

　機械的性質よりも電気的や光学的な機能に注目した材料を，機能材料とよぶ．機能材料の英語訳functional materialsは，あまり一般的な用語ではなく，むしろ欧米では，構造材料以外のものという意味で，non-structural materialsとよぶ場合が多い．

> **例題 1.1**　つぎの用語を（　）に入れて，文章を完成させよ．
>
> A：電気的　B：光学的　C：機能　D：支える　E：構造

　材料は（　①　）材料と（　②　）材料に分類することができる．前者は（　①　）を
（　③　）ことを目的とした材料であり，後者は（　④　）や（　⑤　）な（　②　）に注
目した材料である．

解答　①**E**：構造　②**C**：機能　③**D**：支える　④**A**：電気的（または**B**：光学的）
⑤**B**：光学的（または**A**：電気的）

1.2　物質の状態

　物質は気体，液体，固体の状態で存在する．図1.1に示すように，気体は密度（比
重）が小さく，原子や分子が，ほとんど自由に動いている状態にある物質である．液
体と固体は密度（比重）の点からみれば大きな差はなく，気体にくらべて高密度状態
にあるので，これらを凝縮体（condensed matter）とよんでいる．本書では，凝縮
体の一つである固体のみを取り扱うこととする．ただし，固体と液体の中間の性質を
もっている液晶は，電子・光材料として極めて重要であるので，これについても述べ
る．液晶は分子の集合体（クラスター）が液体中に分散した物質である．

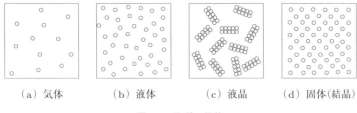

　　（a）気体　　　　　（b）液体　　　　　（c）液晶　　　（d）固体（結晶）
図1.1　物質の状態

　固体の温度を上昇させると，その物質特有の温度で溶融（融解）する．溶けた状態
の物体を，溶融体または融体とよんでいる．溶融体中の原子は，比較的自由に動くこ
とができるが，周囲の原子との間の引力や反発力によって，数百〜数万個の原子がク
ラスターを形成することがある．このような溶融体の中では，原子クラスターが比較
的自由に動いていると考えてよい．溶融体中の原子クラスターの大きさや，クラスター
中の原子配列の規則性は，物質によって異なる．

　ほとんどの溶融体は，冷却し固化させると結晶体になる．一方，物質によっては溶
融体をそのまま固化したような固体になる場合がある．このような固体の状態を，非
晶質またはアモルファス（amorphous）とよんでいる．代表的な非晶質体はガラス
である．

　また，固体の中には，加熱しても融解しないで気化するものもある．固体が気化する現象を昇華とよんでいる．この気化したガスを冷却させると結晶の状態で固化する場合がある．この現象を利用して，結晶の合成や物質の純度を高める精製が行われている．

> **例題 1.2**　　つぎの用語を（　）に入れて，文章を完成させよ．
>
> | A：気体　B：密度　C：凝縮体　D：高密度 |
> |---|
>
> 　液体と固体の（　①　）は大きな差がなく，（　②　）にくらべて（　③　）状態にあるので，これらを（　④　）とよんでいる．
>
> **解答**　①B：密度　②A：気体　③D：高密度　④C：凝縮体

1.3　単結晶と多結晶

　高温に耐える容器をるつぼ（坩堝）とよんでいる．るつぼの温度を上昇させて，中の試料を溶かした後に，底のほうからるつぼを徐々に冷却して試料を凝固させると，原子の配列がそろった大きな単結晶が成長する．結晶は，原子が規則正しく配列した状態の物質である．原子の配列を格子にみたてて，これを結晶格子とよんでいる．

　結晶の内部を詳細に調べると，配列に乱れがあることがわかる．これが格子欠陥である．格子欠陥には，原子が本来のあるべき位置から抜けて孔になった空孔，格子の間に原子が入り込んだ侵入原子や格子の不整（不並び）がある．格子の不整は転位とよばれている．

　転位は刃状転位，らせん転位などその形状によって分類されている．図 1.2 に刃状

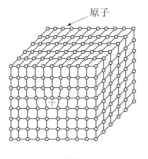

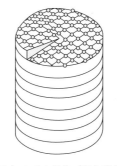

（a）刃状転位（⊥）　　　（b）らせん転位（青色部分）

図 1.2　刃状転位とらせん転位

転位とらせん転位を示す.

　パソコンや CCD カメラの心臓部である半導体集積回路素子は結晶を微細に加工したものであり，結晶中の転位が少ないほど性能が高い.

　溶融体を冷却凝固して得られる固体のほとんどは，小さな単結晶（結晶粒）が集合した多結晶体である. るつぼに固体原料を入れて, 加熱溶融した後に室温に放置して, 自然冷却すると多結晶体が得られる. 得られる結晶粒の大きさは物質によって異なる. 一般に金属のほうが，無機物質にくらべて大きな結晶粒の多結晶体になる. コーヒーカップ程度の大きさのるつぼ中で鉄を溶融凝固させた場合，大きさ数 mm の結晶粒からなる多結晶体になるのに対して，シリコンでは 1 mm 以下の結晶粒からなる多結晶体になる.

例題 1.3　　つぎの用語を（　）に入れて，文章を完成させよ.

A：結晶粒　　**B**：単結晶　　**C**：多結晶体　　**D**：規則的

　原子が（　①　）に配列した固体が（　②　）である. るつぼの中に固体を入れ，温度を上昇させて溶融させた後に冷却すると，小さな（　③　）の集合体である（　④　）が得られる.

解答　①**D**：規則的　　②**B**：単結晶　　③**A**：結晶粒　　④**C**：多結晶体

1.4　多結晶材料の微細構造

　粉末を固めて加熱すると，粉末粒子どうしが合体して粉体が焼きしまり，多結晶体ができる. この現象を焼結とよぶ.

　固体を溶融冷却して得られた多結晶体も焼結体と似た組織をもっている. 多結晶体を切断して顕微鏡で観察した組織を図 1.3 に示す. このような多結晶組織を微細構造とよんでいる. 結晶粒と結晶粒の境界が粒界である. 結晶粒そのものは小さいながらも単結晶であり，その中では原子は特定の方向に配列している.

　粉末を焼結して製造した多結晶体の粒界には, 不純物や空孔が存在することが多い. 粒界に存在する不純物や空孔は，材料の機械的特性や電気的特性を低下させる原因になる.

　多結晶体中の結晶粒間の粒界の内部は, どのような構造になっているのであろうか. 粒界は厚みのある層であり，図 1.4 に示すような，わずかな傾きをもつ薄い層の積合せであることが，電子顕微鏡観察によって明らかにされている.

　このようなわずかな傾きをもった原子層の境界を小傾角境界とよんでいる. これは

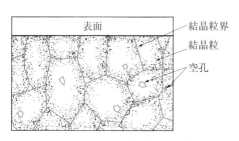

図1.3 代表的な多結晶体の微細構造

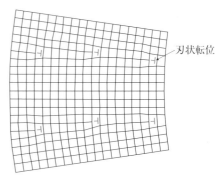

図1.4 結晶粒界断面の構造（┤は図1.2に示した刃状転位を示す）

一種の格子欠陥である.

例題1.4 つぎの用語を（ ）に入れて，文章を完成させよ.

A：不純物　B：微細構造　C：粒界　D：空孔　E：結晶粒

　多結晶体は（ ① ）の集合体であり，（ ① ）と（ ① ）の境界が（ ② ）である.（ ② ）には，（ ③ ）や（ ④ ）が存在する. このような複雑な組織を（ ⑤ ）とよんでいる.

解答　①E：結晶粒　②C：粒界　③A：不純物（またはD：空孔）　④D：空孔（またはA：不純物）　⑤B：微細構造

1.5 非晶質体

　ほとんどの材料は，温度を上げて溶かし，冷却すると小さな結晶の集合体である多結晶体になる. 一方，窓やコップに使用される，SiO_2（二酸化ケイ素）と Na_2O（酸化ナトリウム）を主成分とするガラスは，多結晶体にならないで，非晶質体である.

　図1.5（b）に示すように，非晶質体の原子配列は不規則である.

　大きな原子の物質に，小さな原子を混ぜて溶融して固化させる場合，同じ寸法の原子の混合にくらべて，原子が規則的に並ぶための時間を必要とするので，急速冷却によって溶融体に近い非晶質状態で固化することになる.

　たとえば，小さな原子半径をもつシリコン，ホウ素，炭素などを大きな原子半径をもつ鉄に加えて溶融し，これを高速回転する銅製のローラに接触させて急速冷却させ

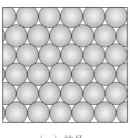   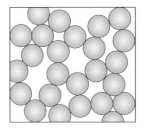

（a）結晶　　　　　　　（b）非晶質体

図 1.5　結晶と非晶質体の原子配列

ることによって，10^5 K/s（1 秒間に 10 万℃の割合）の冷却速度を得ることができる．この方法によって，溶融状態を凍結した非晶質合金の箔を製造することができる．

図 1.6 に示すように，非晶質合金に X 線を照射して得られる反射回折パターンは，全体にぼやけたものであり，結晶に特有なシャープな回折パターンは得られない．

代表的な非晶質電子材料として，非晶質シリコン太陽電池，光ファイバ用石英ガラス，強磁性非晶質合金などがある．非晶質シリコンは，シリコンを含む化合物のガスを熱分解して，基板の上にシリコンを析出させることによって合成する．

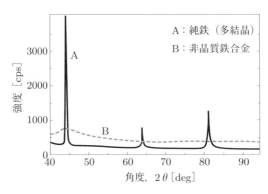

図 1.6　結晶と非晶質体の X 線回折パターン．原子配列の規則性が高いほど，シャープな回折パターンになる

例題 1.5　つぎの用語を（　）に入れて，文章を完成させよ．

A：非晶質体　B：二酸化ケイ素　C：結晶体

　窓ガラスの主成分は（　①　）と酸化ナトリウムであり，原料を溶融して凝固させると（　②　）にならずに（　③　）になる.

解答 ①B：二酸化ケイ素　②C：結晶体　③A：非晶質体

1.6　化学結合と物性

　固体の性質を決めるものが化学結合と結晶構造である. 金属は電気や熱を伝えやすく，金属光沢をもち，塑性加工（変形加工）を行うことができる.

　無機物質に高温を与えて製造したセラミックス（ceramics）は，硬くて脆い材料である. 陶器や磁器などの焼き物もセラミックスの一種である. セラミックスは圧縮に強いが，曲げに弱く塑性加工が難しい. また，熱に強く電気や熱を伝えづらい.

　例外的に熱をよく伝える無機物質がある. その代表的なものがダイヤモンドである. ダイヤモンドは，銅や銀よりよく熱を伝える物質である.

　一方，高分子材料は，耐熱性は高くないが塑性加工が容易であり，密度が低いため，軽量構造材料として家電製品などに大量に使用されている. 高分子材料は熱も電気も伝えづらい.

　以上，物質のさまざまな特性の違いは，つぎに述べるような原子間の化学結合によって説明することができる.

　化学結合は五つに分類することができる.

(a)金属結合　　結晶全体に共有される自由電子によって，原子配列が保たれる結合である.

(b)イオン結合　　プラスとマイナスが引き合う静電的なクーロン力によって，正と負のイオンの配列が保たれる結合である.

(c)共有結合　　複数の原子が，最外殻電子を共有して行う結合である. 複数の原子の最外殻電子が電子対を形成し，これを共有することによって結合力が生じる.

(d)水素結合　　水素原子が，1個の電子を放出して陽イオンとなり，F（フッ素），O（酸素），N（窒素）などの電気陰性度の大きな陰イオンとのイオン結合によって，HF，H_2O，NH_3 分子が生成する. 生成した分子中の H^+ と近接する分子の陰イオンとの間に水素結合とよばれる弱い静電的な結合力が働く. 水は代表的な水素結合物質である.

(e)ファンデルワールス結合　　中性な分子であっても，分子中の電子分布が変動するため，瞬間的にはプラスマイナスの中心が偏り，分子が分極する現象が知られ

ている．近接した分極分子間には，水素結合の 10 分の 1 程度の極めて弱い結合力が作用する．この結合をファンデルワールス結合とよんでいる．

例題 1.6　　つぎの用語を（　）に入れて，文章を完成させよ．

A：イオン　B：結晶構造　C：化学結合

　固体の性質を決める二つの要素として，（　①　）と（　②　）を挙げることができる．（　①　）には金属結合，（　③　）結合，共有結合，水素結合，ファンデルワールス結合がある．

解答　①C：化学結合　②B：結晶構造　③A：イオン

1.7　金属結合物質

　原子は原子核と電子からなっている．原子核は陽子と中性子からなっており，陽子の数と電子の数は同じである．正の電荷をもつ陽子と，負の電荷をもつ電子はクーロン力によって引き合っている．

　原子内の電子は原子核の周囲に雲状に存在し，その密度は常に変化している．この状態を正確に理解するためには，量子力学を学ぶ必要があるが，本書では，感覚的にわかりやすい古典的なボーア原子模型によって説明する．ボーア原子模型では，電子は原子核周囲の軌道上を高速で運動する負の電荷とみなしている．マグネシウム原子のボーア模型を図 1.7 に示す．図中 s と p の右肩の数は電子の数を示す．

　マグネシウムの電子軌道は，s 軌道と p 軌道からなっている．s 電子軌道は 2 個，p 電子軌道は 6 個の電子を収容することができる．もっとも外側にある最外殻電子は

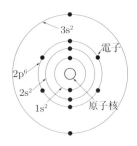

図 1.7　ボーアの原子構造模型（マグネシウム）．電子を ● で示したが，
実際には電子雲が軌道上に動的に分布している

2個の3s電子であり，原子核から離れているので束縛力が弱く，容易にこの電子は放出される．

金属中の原子から飛び出した外殻電子は，結晶格子の中を比較的自由に運動する．この電子を自由電子とよんでいる．自由電子を放出した原子は，プラスとマイナスのバランスがくずれて陽イオンになる．マグネシウムの場合は，2個の3s電子が飛び出してMg^{2+}になる．

自由電子といっても，結晶格子の中を自由に動き回れるわけではない．金属には，陽イオンの格子の特定の隙間に，自由電子が動きやすい通路（チャンネル）があると考えてよい．結晶格子内を動き回る自由電子は，電荷や熱エネルギーを運搬すると同時に，原子どうしを結合する役割を果たしている．これが金属結合である．

金属は，大きな応力を加えると変形し，応力を取り去ったあと元に戻らない．この現象を塑性変形とよんでいる．金属は，金属結合の強さから計算された値の10分の1以下の応力で塑性変形する．この変形は，個々の原子間の結合が切れて変形するのではなく，結晶格子の不整（不並び）である転位が動くことによって起こる．

転位が多い金属の電気抵抗は高い．転位の箇所で自由電子の運動が妨げられるからである．しかし，それは転位がない場合の抵抗にくらべて数倍程度のものであり，金属としての特徴が失われるほどではない．つまり，原子の配列に乱れがあっても，自由電子は金属陽イオンどうしの糊の役目を十分に果たすと考えてよい．

例題1.7 つぎの用語を（ ）に入れて，文章を完成させよ．

> **A**：自由電子 **B**：電荷 **C**：結晶格子 **D**：熱エネルギー **E**：外殻電子

金属をつくっている原子の（ ① ）の一部が飛び出して，（ ② ）の中を比較的自由に運動している．この電子は（ ③ ）とよばれ（ ④ ）や（ ⑤ ）の運搬の役割を果たしている．

解答 ①**E**：外殻電子 ②**C**：結晶格子 ③**A**：自由電子 ④**B**：電荷（または**D**：熱エネルギー） ⑤**D**：熱エネルギー（または**B**：電荷）

1.8 イオン結合物質

陽イオンと陰イオンが，クーロン力によって引き合って生じる結合がイオン結合である．イオン結合の代表的な物質がNaCl（食塩，塩化ナトリウム）である．Na（ナトリウム）とCl（塩素）は，電子のやりとりによってNa^+とCl^-になる．Naは最外殻電子1個を相手のClに与えて陽イオンに変化し，Clは陰イオンに変化する．

　Na原子とCl原子がイオン化した後の電子配置は，それぞれNe（ネオン）とAr（アルゴン）の電子配置と同じである．NeやArは軽いHe（ヘリウム）や重いKr（クリプトン）とともに希ガス元素とよばれ，最外殻軌道が満席状態であり，安定な状態にある．このように，原子は最外殻電子を放出すること，または電子を受け取ることによってイオン化して，希ガスと同じ電子配置になろうとする．

　食塩は，立方体の角と各面の中心にNa$^+$が存在する面心立方格子とよばれる結晶構造をもっている．図1.8にその構造を示す．Na$^+$とCl$^-$は，静電的なクーロン力によって引き合う．塩化ナトリウム型構造の中では，一つのNa$^+$に注目すると，一番近距離にあるイオンがCl$^-$である．結晶格子のx，y，z面上の対角方向にNa$^+$が存在する．Na$^+$どうしは反発する．Na$^+$の最近接のCl$^-$は6個，第2近接のNa$^+$は12個である．

　イオン間の相互作用によって生じるエネルギーを，ポテンシャルエネルギーとよぶ．イオン間のポテンシャルエネルギーは，距離に反比例し，作用する力は距離の2乗に反比例する．

　陽イオンと陰イオンのペアを考えてみよう．二つのイオンはクーロン力によって引き寄せられ，合体するはずであるが，実際にはそうはならない．陽イオンと陰イオンが限界を超えて近づくと，原子核の周囲に分布する負の電荷をもつ電子どうしが反発して，イオンどうしが近づくのが難しくなるからである．反発力（斥力）は距離の10数乗に反比例する．そのため，ある距離以下に近づくと，硬い球どうしを押しつけたように縮まなくなる．

　図1.9にNa$^+$とCl$^-$対のポテンシャルエネルギーを示した．横軸にNa$^+$とCl$^-$の距離Rをnm（ナノメートル），縦軸にポテンシャルエネルギーEをeVの単位で示

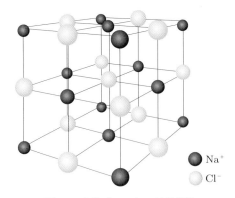

図1.8　食塩（NaCl）の結晶構造

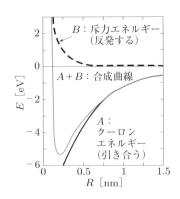

図1.9　Na$^+$とCl$^-$イオン対のイオン間距離（R）とポテンシャルエネルギー（E）の関係

している. 縦軸マイナス側の絶対値の大きいほうが, エネルギーが低く安定な状態である. クーロンエネルギーは距離に反比例して, 距離が 0 に近づくほど低下する. 一方, 斥力エネルギーは, イオン間距離の減少とともに, 0.2 nm 付近で急激に増加する. この二つのエネルギーの和が実際のポテンシャルエネルギーである. 図中の青い実線がこの二つの曲線の和であり, 約 0.2 nm で極小を示している. この極小点にイオンが落ち着くわけである. 実際には三次元イオン配置を考慮した計算によって, イオン結合物質の原子間距離を求めることができる.

例題1.8 つぎの用語を ( ) に入れて, 文章を完成させよ.

A：NaCl　B：クーロン力　C：Cl$^-$　D：Na$^+$　E：イオン結合

　食塩は代表的な (①) 物質であり, その化学式は (②) で表される. この物質の陽イオンは (③), 陰イオンは (④) である. これらのイオンは静電的な (⑤) によって引き寄せられている.

解答 ①E：イオン結合　②A：NaCl　③D：Na$^+$　④C：Cl$^-$　⑤B：クーロン力

1.9 共有結合物質

　結晶中の近接する原子の最外殻電子が, 共通の電子軌道に入って原子どうしを強固に結びつける結合が共有結合である. 共通の電子軌道の中では, 反対向きに自転する 2 個の電子が電子対（ペア）をつくる. 一組の電子対による共有結合を単結合, 二組の電子対による共有結合を二重結合, 三組の場合を三重結合とよぶ.

　共有結合は, 特定の方向に強い結合力が働くことが特徴である. 方向によって結合力が異なることを異方性があるという. 異方性の大きな共有結合物質の結晶は特定の面で割れやすい劈開性をもっている. そのため, 共有結合物質の固体に傷が入ると容易にひび割れが生じて破壊する. 一般に共有結合物質は硬く, 脆いことが特徴である.

　代表的な共有結合物質であるダイヤモンドは, 図 1.10 のように炭素（C）原子が正四面体の頂点と中心に位置した構造をもっており, もっとも硬く, 高い熱伝導率をもつ物質である. 炭素は元素の周期表の 14 族に属する元素であり, 表中の炭素の下に Si（ケイ素）, Ge（ゲルマニウム）があり, それらもダイヤモンド構造をもっている. Si と Ge は半導体材料として使われている. また, Si と C の化合物 SiC（炭化ケイ素）は代表的な耐熱性物質であり, 半導体としても使われている.

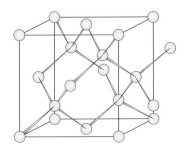

図1.10　ダイヤモンドの結晶構造

例題 1.9　つぎの用語を（　）に入れて，文章を完成させよ．

A：共有結合　B：最外殻電子　C：ダイヤモンド　D：硬く　E：割れ

結晶中の隣り合った複数の原子の（　①　）の一部が共通の電子軌道に入って，原子どうしを強固に結びつける結合が（　②　）であり，この結合物質の特徴は，（　③　），特定の方向に（　④　）やすいことである．この代表的な物質は（　⑤　）である．

解答　①B：最外殻電子　②A：共有結合　③D：硬く　④E：割れ　⑤C：ダイヤモンド

1.10　高分子と黒鉛の化学結合

高分子は，分子量が2万以上の巨大な分子からなっている物質である．多くの高分子は図1.11に示すように，炭素原子が一方向につながった鎖状の分子からなる構造をもっている．鎖の長さ方向の化学結合は，炭素原子どうしの共有結合なので，十分に強い結合力をもっているが，鎖と鎖の間の結合は水素結合やファンデルワールス結合であり，弱い結合力である．高分子材料がやわらかく，成形性がよいのはこれらの弱い結合力によるものである．

C（炭素）の1気圧下で安定な結晶構造は黒鉛型である．黒鉛は，共有結合によって形成された炭素の層と層とが，ファンデルワールス力によって結ばれたものである．黒鉛の結晶構造を図1.12に示す．六角網目状の平面に炭素原子が配列している．六角網目（ベンゼン環）の炭素原子は，120°放射状の方向にある3個の炭素に囲まれている．図中の隣り合った○と●で示された炭素原子どうしの距離は0.142 nmである．

1個の炭素原子が3個の電子を出し，周り3個の炭素原子と共有結合をつくる．こ

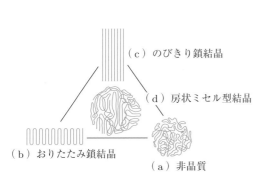

図 1.11 高分子の分子構造模型

（c）のびきり鎖結晶

（d）房状ミセル型結晶

（b）おりたたみ鎖結晶

（a）非晶質

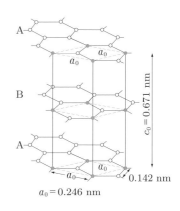

図 1.12 黒鉛の結晶構造

の電子軌道のことを sp^2 混成軌道とよんでいる．この面内の結合は共有性であり，この面に沿って電荷や熱がよく伝わる．炭素面と炭素面との間隔は図 1.12 中の c_0 の半分の 0.336 nm であり，面内の炭素原子の最短距離にくらべるとはるかに離れている．この面間には，分極による静電的な引力であるファンデルワールス力が作用している．

　黒鉛の層間の結合は，弱いファンデルワールス力によるものなので，層間ですべりが生じやすく，黒鉛は固体潤滑材として使用されている．黒鉛と並んで MoS_2（二硫化モリブデン）も代表的な固体潤滑材である．黒鉛と同じような層状構造をもっているからである．

> **例題 1.10**　つぎの用語を（　）に入れて，文章を完成させよ．
>
> | A：高分子　B：共有　C：炭素原子　D：水素 |
> | --- |
>
> 　（　①　）は巨大な分子からなっている物質であり，（　②　）が一方向につながった鎖がからみあった構造をもっている．鎖の中の（　②　）どうしの結合は強い（　③　）結合であり，鎖と鎖の間の結合は弱いファンデルワールス結合や（　④　）結合である．
>
> **解答**　①A：高分子　②C：炭素原子　③B：共有　④D：水素

1.11 結晶構造

　原子の規則的な配列が結晶構造である．原子から外殻電子が飛び出すと陽イオンになり，ほかから電子をもらうと陰イオンになる．結晶中の原子はイオン化している．イオンを硬い球であると仮定して，特定の形の箱に詰め込む組合せが剛体球モデルで

ある．ほとんどの結晶構造は，このモデルによって説明することができる．

　高分子を除くほとんどの物質の結晶構造は，14の基本形とその組合せからなっている．この基本形をブラベ空間格子とよんでいる．ブラベ空間格子を図1.13に示す．

　もっとも単純な結晶構造は，立方体を基本とするものである．立方体の頂点のみに原子が存在する単純立方格子，中心に1個と頂点に原子が存在する体心立方格子，六つの面の中心と，頂点に原子が存在する面心立方格子がある．これらの最小の単位を単位格子とよんでいる．単位格子の一辺の長さが格子定数である．NaCl（食塩）は，面心立方格子であり，格子定数はSI（国際標準単位系）では0.563 nmである．

　わが国では，すべての単位にSIを使用することが推奨されているが，格子定数は

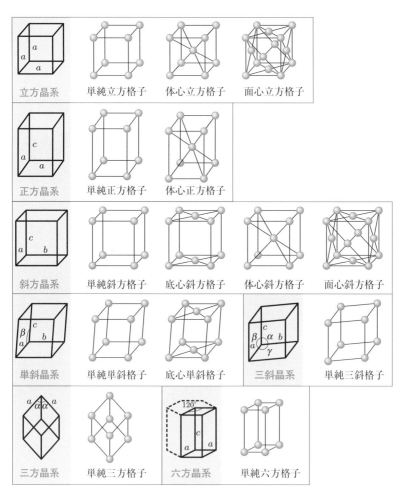

図 1.13　基本的な14の結晶構造（ブラベ空間格子）

1 nm 以下であることが多いので，SI でない Å（オングストローム）が使用される場合がある．1 nm = 10 Å である．

結晶の理論密度を計算するためには，単位格子中の原子数を求める必要がある．体心立方格子中の原子は，中心の 1 個と頂点の 8 個の原子からなっている．頂点の原子は単位格子内にその 1/8 が含まれるので，1/8 × 8 = 1 と数え，中心の 1 個とあわせて合計 2 個である．

六面体の二つの面が正方形，ほかの四つの面が長方形である格子が正方格子である．これには単純正方格子と体心正方格子の 2 種類が存在する．一方，対向する三組の面の大きさが異なる直方体の格子が斜方格子である．

また，立方体を対角の方向に押しつぶしたものが三方格子であり，中心に 3 回対称軸をもつ六角柱状のものが六方格子である．

例題 1.11　つぎの用語を（　）に入れて，文章を完成させよ．

A：剛体球　B：2　C：1　D：結晶構造　E：硬い球

▷ **問1**　原子の規則的な配列が（ ① ）である．結晶中の原子，またはイオンを（ ② ）であると仮定して，一定の大きさの箱に入る（ ② ）の組合せによって結晶構造を考える方法を（ ③ ）モデルとよぶ．

▷ **問2**　立方体の頂点のみに原子が存在する立方格子を単純立方格子とよぶ．この一つの格子に含まれる原子は（ ④ ）個である．なぜなら，一つの頂点の原子は格子の内側に 1/8 がかかっているだけであり，それが八つの頂点にあるので，1/8 × 8 =（ ④ ）だからである．立方体の頂点と中心に原子が存在する体心立方格子では，一つの格子に含まれる原子は（ ⑤ ）個である．

解答　① D：結晶構造　② E：硬い球　③ A：剛体球　④ C：1　⑤ B：2

1.12　原子の電子配列

元素の周期表には 100 以上もの元素が記載されている．原子は原子核と電子からなっている．核はさらに陽子と中性子からなり，それぞれの質量は同じである．中性の原子がもっている陽子と電子の数は同じである．同じ元素の原子の陽子数は同じであるが，異なる数の中性子をもつものもあるために，原子の質量は，整数ではなく平均値で表される．

たとえば，標準の炭素原子は 6 個の陽子と 6 個の中性子からなっているので，原子量は 12 である．しかし，自然界の炭素には微量であるが中性子が 6 個以上の原子

が含まれており，実際に測定された平均の原子量は 12.01 である．

原子の中の電子は，電子殻とよばれる殻に収容される．電子殻は原子核に近いほうから K 殻，L 殻，M 殻，N 殻とよばれ，それぞれの殻の最大電子数は $2n^2$ 個である．つまり K 殻（$n = 1$）は 2 個，L 殻（$n = 2$）は 8 個，M 殻（$n = 3$）は 18 個，N 殻（$n = 4$）は 32 個の電子を収容することができる．

それぞれの殻が，最大数の電子で満たされた元素が希ガス元素である．周期表の右端の He（ヘリウム），Ne（ネオン），Ar（アルゴン），Kr（クリプトン），Xe（キセノン），Rn（ラドン）が希ガス元素である．電子殻が満席の状態がエネルギー的にもっとも安定な状態である．複数の原子が結合して化合物が生成するとき，原子は電子のやりとりを行って希ガス元素の配置になるようイオン化する傾向がある．

物質の性質を考える上では，電子殻をさらに副殻に分けて考えたほうがよく理解できる．表 1.1 に元素の副殻と電子配置をまとめた．副殻は s，p，d，f で表される電子軌道をもっている．

表1.1 副殻と電子配置の例

電子殻	K	L		M			N			
副殻	1s	2s	2p	3s	3p	3d	4s	4p	4d	4f
最大収容電子数	2	2	6	2	6	10	2	6	10	14

s 軌道はもっとも単純な電子軌道であり，反対向きの電子スピンをもつ（反対向きに自転している）一組の電子対を収容することができる．p 軌道は三つの軌道から成り立っており，6 個の電子を収容することができる．

磁性を考える上でもっとも重要な電子が，d 軌道にある d 電子と f 軌道にある f 電子である．d 軌道は五つの電子軌道から成り立っており，10 個の電子を収容することができる．代表的な強磁性体である鉄，コバルト，ニッケルの 3d 電子の数はそれぞれ 6，7，8 個である．これらの元素は，周期表横軸の中程に分布しており，遷移金属元素とよばれている．

例題 1.12　つぎの用語を（　）に入れて，文章を完成させよ．

A：Cu^{2+}　B：電子　C：2　D：8　E：17　F：18　G：32

▶**問 1**　原子核の外側に電子が存在し，それぞれが（　①　）殻とよばれる空間の中に存在する．（　①　）殻は原子核に近い順番に K，L，M，N とよばれ，それぞれが収容できる電子数は $2n^2$ 個である．K 殻は $n = 1$ であるから 2 個の電子，L 殻は $n = 2$ であるから（　②　）個の電子，M 殻は $n = 3$ であるから（　③　）個の電子，N 殻は $n = 4$ であるから（　④　）個の電子を収容することができる．

▶**問 2**　銅原子は 29 個の電子をもっている．酸化銅では，銅原子は 2 個の電子を失い 2 価の陽イオン（　⑤　）として存在する．このイオンの各電子殻の電子配置は K 殻（　⑥　），L 殻（　②　），M 殻（　⑦　）である．

解答　①B：電子　②D：8　③F：18　④G：32　⑤A：Cu^{2+}　⑥C：2　⑦E：17

─────── **演習問題** ───────

問題 1.1〜1.5 節　つぎの用語を（　①　）〜（　⑭　）に入れて，文章を完成させよ．

A：加工　B：格子欠陥　C：多結晶体　D：炭素　E：材料　F：溶融体　G：非晶質　H：物質　I：焼結体　J：単結晶　K：転位　L：結晶粒　M：ホウ素　N：アモルファス

▶**問 1**　英語では物質も材料も material であるが，物質と材料の意味は異なる．（　①　）とは（　②　）を人間の役に立つように（　③　）したものである．

▶**問 2**　固体を溶融凝固したとき，物質によっては溶融体をそのまま凍結したような固体になる．この状態を（　④　）または（　⑤　）とよんでいる．

▶**問 3**　結晶は原子が規則正しく配列した状態の物質である．実際の結晶は原子の配列が乱れた部分がある．これを（　⑥　）とよんでいる．（　⑥　）の一種である格子の不整を（　⑦　）とよんでいる．

▶**問 4**　粉末を焼き固めた（　⑧　）は（　⑨　）である．（　⑧　）を切断して断面を顕微鏡で拡大して観察すると，（　⑩　）の粒が集合した（　⑨　）であることがわかる．この粒を（　⑪　）とよぶ．

▶**問 5**　鉄に小さな原子半径をもつシリコンや（　⑫　），（　⑬　）を加えて溶融して，急速に冷却して固化すると（　⑭　）に近い状態で固化する場合がある．このような合金を（　④　）または（　⑤　）合金とよぶ．

問題 1.6〜1.10 節　つぎの用語を（　①　）〜（　⑮　）に入れて，文章を完成させよ．

> A：斥力　B：異方性　C：静電的　D：弱い　E：金属結合　F：共有結合　G：クーロン力　H：陽イオン　I：塑性加工　J：自由電子　K：イオン　L：劈開　M：炭素原子　N：ファンデルワールス　O：高分子

▶**問6**　金属中の原子は（　①　）を放出して（　②　）になっている．（　①　）は金属の結晶格子を形成している（　②　）どうしを結合する役割を果たしている．このような結合を（　③　）とよぶ．

▶**問7**　陽イオンと陰イオンが静電的な（　④　）によって引き合って生じる結合が（　⑤　）結合である．

▶**問8**　陽イオンと陰イオンを近づけると（　⑥　）な引き合う力によって合体するはずであるが，実際にはそうならない．その理由は，それぞれのイオンの原子核は，負の電荷をもつ電子によって囲まれているからである．すなわち，電子どうしが一定の距離以下に近づくと（　⑦　）とよばれる力が働くからである．

▶**問9**　（　⑧　）は特定の方向に強い結合力が働くことが特徴である．方向によって原子間の結合力が異なることを（　⑨　）があるという．このために，結晶が特定の面で割れやすい性質をもっている．特定の面で割れることを（　⑩　）とよぶ．

▶**問10**　（　⑪　）材料の温度を上昇させると，ほとんどのものは融点よりはるかに下の温度で軟化することを利用して（　⑫　）が行われている．

▶**問11**　黒鉛は（　⑬　）が層状に配列した物質である．層と層の間の結合力は（　⑭　）力とよばれる（　⑮　）結合なので，外力が働くと容易に層状に（　⑩　）する．この性質を利用して黒鉛は潤滑材として使用されている．

問題 1.11〜1.12 節　つぎの用語を（　①　）〜（　⑪　）に入れて，文章を完成させよ．

> A：希ガス　B：体心　C：遷移金属　D：He　E：4　F：2　G：面心　H：自転　I：Ar　J：副殻　K：Ne

▶**問12**　さいころ状の立方体の頂点と中心に原子が存在する格子が（　①　）立方格子であり，頂点と六つの面それぞれの中心に原子が存在する格子が（　②　）立方格子である．

▶**問13**　立方体の頂点と六つの面に原子が存在する格子では，一つの格子に含まれる原子は（　③　）個である．

▶**問14**　K，L，M 殻が最大数の電子で満たされた元素が（　④　）元素であり，K 殻が満たされた元素が（　⑤　），L 殻が満たされた元素が（　⑥　），M 殻が満たされた元素が（　⑦　）である．

▶**問15**　電子殻をさらに（　⑧　）に分けて考えることができる．（　⑧　）は s，p，d，f で表される電子軌道をもっている．s 電子軌道は一つ，p 電子軌道は三つ，d 電子軌道は五つの軌道をもっており，それぞれの軌道に反対向きに（　⑨　）する電子が（　⑩　）個入ることができる．室温で磁石に引き寄せられる元素の鉄，コバルト，ニッケルの d 電子の数は，それぞれ 6，7，8 個であり，それらの元素は（　⑪　）元素とよばれている．

第2章
導電材料と絶縁材料

　電気・電子材料には，電気抵抗の小さな導電材料，大きな絶縁材料，中間の半導体材料がある．もっとも抵抗が小さな物質は銀であり，大きな物質は石英ガラスである．それぞれの単位体積あたりの電気抵抗率をくらべると，10^{24} 倍もの差がある．すべての材料の電気抵抗率はその中間に分布する．物体の電気抵抗率は，体積抵抗率と表面抵抗率から構成される．体積にくらべて表面の割合が大きい場合，表面を流れる電流が主役を果たす場合があるが，本書では表面抵抗については解説の対象外とした．

　金属の電気抵抗は，温度上昇とともにわずかに増加するが，半導体の抵抗は急激に減少する．しかし，例外的に温度上昇とともに電気抵抗が増加する半導体もある．

　本章では電気回路や部品に使用される導電材料，電気抵抗材料，絶縁材料について述べる．

2.1　物質の電気伝導と抵抗

　物質の電気伝導と抵抗の指標は，導電率と電気抵抗率である．導電率の単位は $S \cdot m^{-1}$（S はジーメンス）であり，この逆数が電気抵抗率で単位は $\Omega \cdot m$（Ω はオーム）である．$S \cdot m^{-1}$ と $\Omega \cdot m$ を，事実上使われる $S \cdot cm^{-1}$ と $\Omega \cdot cm$ に変換するには，それぞれを 10^{-2}，10^2 倍する．

　各種物質の導電率と電気抵抗率を図 2.1 に示す．

　電気伝導性が高い物質は，Ag（銀）と Cu（銅）であり，約 $6 \times 10^7 \, S \cdot m^{-1}$ の導

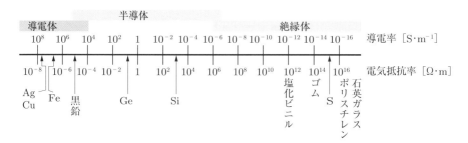

図2.1　物質の導電率と電気抵抗率

電率をもっている．もっとも電気伝導性の低い物質は，石英ガラスで 10^{-16} S·m^{-1} である．半導体の代表である Ge（ゲルマニウム）と Si（ケイ素）の導電率は，それぞれ 10 S·m^{-1} と 10^{-3} S·m^{-1} であり，中間に位置する．

金属と半導体では，電気伝導の機構がまったく異なる．一般に金属は，温度上昇とともに電気伝導が低下し，半導体では上昇する（すなわち，金属は，温度上昇とともに電気抵抗率が増加し，半導体では減少する）．絶縁体は，電気伝導性が極めて低い半導体であると考えてよい．半導体の電気伝導については，第 7 章で述べる．

金属の電気伝導を担っているものが，自由電子である．金属の原子のすべての電子が自由電子として振る舞うわけではない．原子核に近い内側の電子は，原子核の陽子と強い相互作用で結ばれており，外側の外殻電子が自由電子として振る舞う．

銅原子には，10 個の電子で満たされた 3d 電子軌道と 1 個の電子が入った 4s 軌道がある．銅結晶の中では，この 4s 電子が結晶格子の外へ飛び出して，自由電子として振る舞う．このような自由電子を伝導電子という．

自由電子は，結晶格子の中で自由に振る舞うわけではない．結晶格子中には，電子が存在することができる通路（チャンネル）が存在するとの考え方がバンド理論である．電子は負の電荷をもっているので，電界を印加する（電圧をかけること）と正の方向に引き寄せられる．

バンドが電子でいっぱいの場合，電界を印加されても電子は動くことができない．バンドの中に適当な隙間があって電子は初めて動くことができる．

電気伝導に寄与するバンドが伝導帯である．金属とは，伝導帯の中に電子の隙間がある物質である．

金属に電界を印加すると，自由電子は動き始めるが，原子の熱振動の影響を受けて散乱される．この原子の熱振動は格子振動とよばれている．実際には格子振動以外に，結晶中の原子配列の乱れである格子欠陥や不純物原子によっても伝導電子は散乱される．多結晶体の結晶粒界には高密度の格子欠陥が存在するので，単結晶にくらべて多結晶体の電気抵抗は大きい．

温度が上昇すると格子振動が活発になるので電気抵抗は上昇する．金属の電気抵抗率 ρ（rho，ロー）は，温度の関数として経験的に次式で表すことができる．

$$\rho = \rho_R + \rho_T \tag{2.1}$$

ここで，ρ_R は材料によって決まる定数であり，残留抵抗率とよばれている．ρ_T は格子振動による項であり，デバイ温度とよばれる温度以上の高温領域では温度に比例する項である．デバイ温度以下の低温領域では，比例の関係から外れるが，温度の低下とともに格子振動は徐々に弱まり，電気抵抗も徐々に減少する．

ρ_R は結晶中の欠陥や不純物によるものなので，この数値を材質の特性評価に利用することができる．実際には，室温と液体窒素沸騰温度（77 K）の電気抵抗の比を製品の善し悪しの目安として利用している．銅の電気抵抗は，酸素不純物に敏感なので，酸素量の推定のために抵抗比の値が使われている．

多くの金属の電気抵抗率 ρ と，熱伝導率 K との間には，

$$\frac{\rho K}{T} = \frac{K}{\sigma T} = 一定 \tag{2.2}$$

の関係があることが知られている．ここで σ（sigma，シグマ）は導電率であり，σ と熱伝導率 K の間には比例関係があることを意味している．このことから伝導電子が熱伝導に寄与していることがわかる．

例題 2.1　つぎの用語を（　）に入れて，文章を完成させよ．

> A：自由電子　B：金属　C：格子振動　D：10　E：増加　F：減少　G：電気抵抗　H：10^{-2}

▶ **問1**　SI において電気抵抗率は $\Omega\cdot m$ で表される．$1\,k\Omega\cdot cm$ は（　①　）$\Omega\cdot m$ である．電気抵抗率 $10^2\,\Omega\cdot m$ の半導体の導電率は（　②　）$S\cdot m^{-1}$ である．

▶ **問2**　一般に，（　③　）では温度上昇とともに電気抵抗率は（　④　）し，半導体では（　⑤　）する．

▶ **問3**　金属中の（　⑥　）は原子の振動によって散乱され，（　⑦　）の原因になる．この振動は（　⑧　）とよばれている．

解答　①D：10　②H：10^{-2}　③B：金属　④E：増加　⑤F：減少　⑥A：自由電子　⑦G：電気抵抗　⑧C：格子振動

2.2　金属導電材料

さまざまな金属導電材料の利用例を紹介しよう．

●電子回路の配線に使用される導線　　含有酸素が 0.005% 以下の無酸素銅が使われている．

●機械的な強さが必要な導電材料　　Cd（カドミウム）を添加した銅合金が使われている．

●バネ材　　Cu–Sn 合金に P（リン）を添加したリン青銅や Cu–Ni–Si 合金が使用されている．

●プリント配線素材　　銅合金が使用されている．プラスチック板に銅シートを貼り

付け，その上に電気回路のパターンを光学的に焼きつけ，不要な銅を酸で溶かすことでつくられる．銀ペーストインキを使用したプリント配線が使用される場合もある．

●半導体 LSI（大規模集積回路）チップ　　線幅 $1\,\mu m$ 以下の回路が蒸着によって取りつけられている．蒸着は半導体素材の上にマスクをおき，Al（アルミニウム）を真空中に蒸発させて付着させることによって行われる．

　LSI チップは，プラスチックまたはセラミックス製の絶縁基板の上に取りつけられる．この基板は層状構造をもっており，層間は連絡回路で結合されている．

　セラミックス基板には，金属微粒子を含むインクを使用してプリントされた回路が基板上に焼きつけられている．LSI 回路とセラミックス基板回路との結合には金の細線が使用されている．

●セラミックス製コンデンサや圧電材料　　金属電極が焼きつけられている．多層コンデンサは，厚さ数十 μm 程度の誘電体セラミックスの粉体シートに銅合金の電極をプリントし，それを数十層重ねて高温で焼成して製造する．

例題 2.2　つぎの用語を（　）に入れて，文章を完成させよ．

A：LSI　B：無酸素銅　C：アルミニウム　D：蒸着

　電子回路の配線には（　①　）とよばれる高純度材料が使用されている．半導体大規模集積回路（　②　）には，（　③　）製の線幅 $1\,\mu m$ 以下の回路が（　④　）によって取りつけられている．

解答　①B：無酸素銅　②A：LSI　③C：アルミニウム　④D：蒸着

2.3　高分子導電材料

　1977 年，高分子材料にポリアセチレンに特定の元素を注入（ドーピング）することによって，高い導電性を示すことが発見され，導電性高分子の研究が盛んになった．その後，ドーピング方法の改良によって，導電率 $1.7 \times 10^7\,S\cdot m^{-1}$ のものが登場した．

　ポリアセチレンは，C_2H_2（アセチレン）を重合して得られる鎖状高分子である．

　アセチレンを低温で重合して得られる構造はシス型であり，導電率は $10^{-7}\,S\cdot m^{-1}$ である．これを高温で引き伸ばすとトランス型に変化し，導電率が 1 万倍増加して $10^{-3}\,S\cdot m^{-1}$ になる．このトランス型にヨウ素や AsF_5（五フッ化ヒ素）を注入すると，導電率がさらに 10^8 倍増加して $10^5\,S\cdot m^{-1}$ になる．

　この高い導電性は，トランス型ポリアセチレンの炭素結合が，二重結合と一重結合の繰り返しであることから説明できる．その後，製造方法に改良が加えられて，1.7

$\times\,10^7\,\mathrm{S\cdot m^{-1}}$ のポリアセチレンが登場した.

現在では, ポリアセチレンを筆頭に, 多くの導電性高分子が製造されている.

一般に, 導電性高分子は塑性加工が容易であり, 薄いシートに成形できるので, ATM やスマートフォンなどのタッチパネルのほか, パソコンやテレビの有機ディスプレイに使われている.

例題 2.3　つぎの用語を（　）に入れて, 文章を完成させよ.

A：注入　B：ポリアセチレン　C：鎖状　D：ヨウ素

最初に発見された導電性高分子は（ ① ）である. この高分子は（ ② ）を（ ③ ）することによって, 導電性が著しく高くなる.（ ① ）はアセチレンを重合して得られる（ ④ ）の高分子である.

解答　①B：ポリアセチレン　②D：ヨウ素　③A：注入　④C：鎖状

2.4　サーミスタ

電子回路には, 多くの電気抵抗素子が組み込まれている. 通常の合金や炭素製抵抗素子は, 温度とともに電気抵抗が増加する正の温度係数をもっている. 温度上昇とともに抵抗が増加するので, 大きな温度変化がある場所で使用する電子回路には, 負の係数をもつ素子を組み込み, バランスを保つ必要がある. このことを回路抵抗の温度補償という.

温度補償用の負の温度係数をもつ電気抵抗素子が NTC（negative temperature coefficient）素子であり, この素子を NTC サーミスタ（thermister）とよんでいる. 電気抵抗が $1 \sim 10^3\,\Omega$ 程度の金属酸化物製 NTC サーミスタが多く使用されている.

NTC サーミスタとして, Mn や Ni を含む酸化物が使用されている. サーミスタは温度補償用としてばかりでなく, 温度センサとしても使用されている. 電子体温計のセンサとして, NTC サーミスタが使用されている.

高純度 $BaTiO_3$（チタン酸バリウム）の電気抵抗は高く, 温度上昇とともに抵抗は単調に減少する. この粉末にわずかな Y, Ce, La, Sn などの酸化物を加え, 焼結して得られた多結晶体の電気抵抗は, 図 2.2 に示すように奇妙な変化をする. この材料の電気抵抗は, 温度上昇とともに低下し, 120℃付近（図中の T_c）で極小を示した後, 急激に増加し, 約 200℃（図中の T_m）で極大を示す. 添加物の量を変化させることによって, 室温以下の温度に抵抗極小をもつチタン酸バリウム焼結体を製造することができ, 室温と極大の温度の間で, 正の温度係数をもつ PTC（positive temperature

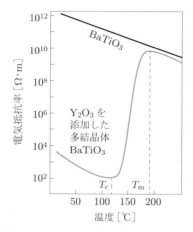

図 2.2 BaTiO$_3$ の電気抵抗率の温度変化

coefficient）温度補償素子として使用することができる。

　BaTiO$_3$ 多結晶発熱体に電界を印加すると，電流が流れて温度が上昇する。120℃を超えると，温度上昇とともに電気抵抗が増加するので，電流値は少なくなり，温度上昇は緩慢になり，ついには定温度で飽和状態になる。したがって，極めて安全性の高いヒータとして利用することができる。飽和状態になる温度の設定は，添加元素の量によって調節することができる。

> **例題 2.4**　つぎの用語を（　）に入れて，文章を完成させよ。
>
> | A：増加　B：合金　C：NTC　D：正　E：負 |
>
> 　電子回路に使用されている（　①　）や炭素製の電気抵抗素子の電気抵抗は，温度上昇とともに（　②　）する（　③　）の温度係数をもっている。大きな温度変化がある場所で使用する回路には，（　④　）の温度係数をもつ電気抵抗素子（　⑤　）を組み込み，全体のバランスを保つ必要がある。
>
> **解答**　①B：合金　②A：増加　③D：正　④E：負　⑤C：NTC

2.5　バリスタ

　材料の電気抵抗 R は，印加した電圧 E を流れる電流 I で除した値として求めることができる。この関係 $R = E/I$ が**オームの法則**である。例外的に，オームの法則が成り立たない材料がある。印加する電界によって，電気抵抗が変化する現象が電圧抵

抗効果であり，この効果を利用した素子をバリスタ（varistor ; variable resistor の略）
とよんでいる．

バリスタは，落雷や静電気による異常過電圧の吸収素子として使用されて，半導体
の pn 接合や，多結晶体の結晶粒界の性質を利用して製造される．pn 接合について
は第7章で述べる．

湿度の低い季節には人体が帯電しやすく，指先からの放電によって半導体素子が破
壊されることがあるので，電子回路には保護回路が取りつけられている．半導体バリ
スタは小型にできるので，電子回路保護用として多く使用されている．

一方，セラミックス粉末を焼成して製造された多結晶バリスタは，大電力機器の落
雷保護用として使用されている．SiC（炭化ケイ素）と ZnO（酸化亜鉛）が，大電力
用バリスタとして使用されている．

例題 2.5 つぎの用語を（ ）に入れて，文章を完成させよ．

> A：バリスタ　B：オーム　C：電気抵抗　D：比例

普通の材料では，印加する電界と流れる電流は（ ① ）関係にある．この関係を
（ ② ）の法則とよんでいる．印加する電界によって，（ ③ ）が変化する素子を
（ ④ ）とよんでいる．

解答 ①D：比例　②B：オーム　③C：電気抵抗　④A：バリスタ

2.6 電気絶縁材料

もっとも多く使用されている電気絶縁材料は，高分子材料（ポリマー）である．高
分子材料は熱に弱く，熱伝達性が低いので，高温で使用する場合や，高い熱伝達性が
必要な場合にはセラミックスが使用される．

2.6.1 高分子電気絶縁材料

電気絶縁材料として高分子材料が多く使われている．高分子とは，炭素原子の短い
鎖をもつ低分子化合物（モノマー）を，重合によって1分子あたりの原子の数を飛躍
的に増加させた素材である．代表的な電気絶縁用ポリマーは，塩化ビニルである．こ
の材料は，廃棄物として焼却する際に猛毒であるダイオキシン発生の原因になるので，
ヨーロッパでは消費材の部材として使用することが厳しく規制されている．

高分子は，炭素原子が鎖の方向に共有結合で結ばれているので，この方向には十分
な強さをもっているが，鎖と鎖の間は，水素結合やファンデルワールス結合のため弱

く，温度上昇に伴って軟化する．この性質を利用して，成形加工を行う高分子材料が，熱可塑性プラスチックである．

一方，十分に重合が進んでいない軟らかい高分子に，熱を加えて反応を進行させて，硬化させたものが熱硬化性プラスチックである．表 2.1 と表 2.2 に代表的な高分子絶縁材料を示す．

室温で無色の気体である CH_2CHCl（塩化ビニル）を重合させたポリ塩化ビニルは白色の粉末であり，これに可塑剤，安定剤などを添加して，温度を上げて軟化させた状態で混練して，押し出しや射出成形を行い，構造部材が製造されている．テープやシート材としても多く製造されている．耐熱温度は $50 \sim 70℃$ と比較的低い．

耐熱性にもっとも優れた熱可塑性高分子は，フッ素系のものである．ポリ四フッ化

表 2.1 熱可塑性高分子絶縁材料

名称	ポリ塩化ビニル	ポリエチレン（高圧法）	ポリスチレン	ポリアミド（ナイロン66）	ポリエチレンテレフタレート	フッ素樹脂（PFA）
密度 10^3 [$kg \cdot m^{-3}$]	$1.4 \sim 1.5$	$0.91 \sim 0.93$	$1.0 \sim 1.1$	1.1	1.4	$2.1 \sim 2.2$
電気抵抗率 [$\Omega \cdot m$]	$> 10^{14}$	$> 10^{14}$	$> 10^{14}$	$> 10^{12}$	$> 10^{17}$	$> 10^{16}$
比誘電率 (60 Hz)	$3.2 \sim 3.6$	$2.3 \sim 2.4$	$2.5 \sim 2.7$	$4.1 \sim 4.6$	$3.0 \sim 3.2$	2.1
絶縁耐力 [kV/mm]	$17 \sim 50$	$20 \sim 30$	$20 \sim 30$	$15 \sim 20$	$30 \sim 50$	20
耐熱温度 [℃]	70	110	70	140	150	260

表 2.2 熱硬化性高分子絶縁材料

名称	フェノール樹脂	尿素樹脂	エポキシ樹脂	シリコン樹脂	ポリエステル樹脂	ポリイミド樹脂
密度 10^3 [$kg \cdot m^{-3}$]	1.3	1.5	$1.1 \sim 1.4$	$1.1 \sim 1.5$	$1.1 \sim 1.5$	1.42
電気抵抗率 [$\Omega \cdot m$]	$10^9 \sim 10^{10}$	$10^{10} \sim 10^{11}$	$10^{13} \sim 10^{15}$	$10^{12} \sim 10^{14}$	$10^9 \sim 10^{12}$	10^{16}
比誘電率 (60 Hz)	$5 \sim 6.5$	$7 \sim 9.5$	$3.5 \sim 5.0$	$2.8 \sim 4.0$	$3.0 \sim 4.4$	3.5
絶縁耐力 [kV/mm]	$12 \sim 16$	$10 \sim 12$	$16 \sim 20$	$16 \sim 20$	$15 \sim 20$	28
耐熱温度 [℃]	120	80	$120 \sim 250$	200	250	300

エチレン樹脂（商品名テフロン）の耐熱温度は260℃と高いが，加工性に劣る．この加工性を改良したものが，ポリ三フッ化エチレン樹脂であり，耐熱温度は195℃である．

商品名ナイロン66で知られているポリアミド樹脂は，吸水性が大きいという欠点があるが，対磨耗性に優れており電線用の被覆材として用いられている．

電気絶縁破壊の強さからいえば，ポリエチレンテレフタレートは1 mmあたり，30～50 kVという高い絶縁性をもっている．

熱硬化性高分子絶縁材料の中で重要なものが，エポキシ樹脂である．これは絶縁材としてだけではなく，接着剤や塗料としても大量に使用されている．硬化時の体積収縮が小さいので，電子部品への充填材として使用されている．シリコン樹脂はプラスチック状，ゴム状，液体状とさまざまなものが生産されており，目的に応じて使用される．

ポリイミド樹脂は，もっとも耐熱性に優れた樹脂であり，熱硬化性と熱可塑性のものがある．軟化温度は300℃以上であり，連続200℃以上に耐えるので，とくに耐熱電子部材として珍重されている．

2.6.2 セラミックス電気絶縁材料

耐久性や耐熱性の電気絶縁材料として，セラミックスが多く使用されている．表2.3に代表的なセラミックス絶縁材料を示す．一般的なものがケイ酸アルミナ磁器，高周波絶縁に適したものとしてマグネシア磁器（ステアタイト），もっとも高級なものとしてアルミナ磁器がある．

セラミックスの特性は，製造条件によって焼結体の微細構造が著しく異なるので，

表2.3 セラミックス絶縁材料の特性

名称	普通陶磁器	アルミナ	ステアタイト	フォルステライト	コージェライト	ジルコン
主成分	SiO_2 および Al_2O_3	Al_2O_3	$MgO \cdot SiO_2$	$2MgO \cdot SiO_2$	$2MgO \cdot 2Al_2O_3 \cdot 5SiO_2$	$ZrO_2 \cdot SiO_2$
密度 10^3 [$kg \cdot m^{-3}$]	$2.3 \sim 2.5$	3.6	2.7	2.8	2.2	3.5
電気抵抗率 [$\Omega \cdot m$]	$10^8 \sim 10^{10}$	$> 10^{13}$	$> 10^{12}$	$> 10^{12}$	$> 10^{12}$	$> 10^{12}$
絶縁耐力 [kV/mm]	10	$10 \sim 16$	10	10	$7 \sim 10$	$10 \sim 14$
線膨張率 10^7 [K^{-1}]	$30 \sim 60$	70	83	110	$25 \sim 30$	45

一見同じもののように見えても相当に異なる.

セラミックスは,硬くて脆いため切削加工はできない.例外的なものとして,雲母(マイカ)を主成分とした**マイカセラミックス**と BN(窒化ホウ素)焼結体は切削加工が可能である.

マイカセラミックスは,微細な雲母をガラスで結合した素材である.雲母は紙を重ねたような層状構造をもった物質で,層に沿って劈開しやすい性質をもっている.切削工具の刃先がこのマイカセラミックスにあたると,雲母粒子が劈開面に沿って壊れる.この粒子の大きさは数 μm 程度なので,削り面は平らである.ドリルで穴をあけたり,ネジ切り工具を使用してネジをたてることもできる.マイカセラミックスは,高温で使用できる絶縁性構造材料として使用されている.

硬さと機械的強度の点で難があるが,機械加工性と耐熱性の点で,BN はもっとも優れた耐熱絶縁材料である.BN は黒鉛と類似の結晶構造をもった物質で,層状構造をもっている.層間の劈開によって容易に機械加工ができる.また,耐熱性は高く,1200℃ 以上で使用することができる.

2.6.3 LSI 基板材料

LSI の高集積化が進むほど,発生する熱の排出が難しくなる.LSI 半導体チップと基板の接合には,プラスチック製基板の場合は接着剤,セラミックス製の場合は溶融ガラスを使用する.基板の上には配線がプリントされており,LSI チップと回路は細い金属線で結合される.

高級な LSI 基板には熱伝導率が高く,誘電損失の小さな Al_2O_3(酸化アルミニウム,アルミナ)または AlN(窒化アルミニウム)が使用されている.これらの材料は融点が高く,原料粉体の焼結が難しいため高度な製造技術を必要とする.これらの基板の特性値を表 2.4 に示す.

薄板状のセラミックス基板は**ドクターブレード**とよばれる方法によって製造されている.原料のセラミックス粉末に有機バインダーと溶剤を加えたスラリー(どろどろ

表 2.4 LSI 基板に使われている高熱伝導電気絶縁性セラミックスの特性

名称	アルミナ	ベリリア	窒化アルミニウム	窒化ケイ素	炭化ケイ素	ダイヤモンド
主成分	Al_2O_3	BeO	AlN	Si_3N_4	SiC	C
電気抵抗率 [$\Omega \cdot m$]	$> 10^{12}$	$> 10^{12}$	$> 10^{12}$	$> 10^{12}$	$> 10^{8}$	$> 10^{13}$
熱伝導率 [$W \cdot m^{-1} \cdot K^{-1}$]	30	270	250	25	260	800

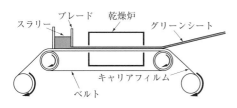

図 2.3 ドクターブレード法による
グリーンシートの製造

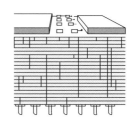

図 2.4 超 LSI 用アルミナ基板の断面.
基板中の縦線は配線

の状態のもの）を，高分子マイラー製キャリアフィルムに付着させ，わずかな隙間を
通して原料の厚みを一定にする．この隙間を調整する板がブレードである．図 2.3 に
ドクターブレード法を示す．

フィルムが乾燥炉を通過する間に，原料から揮発成分を蒸発させて餅状になったセ
ラミックスと，プラスチックとの混合物をキャリアフィルムからはがし，ロールに巻
き取る．このシートをグリーンシートとよぶ．

グリーンシート上に電気回路をプリントして，数枚重ねてプレス後，全体を焼成し
て基板を作製する．図 2.4 に超 LSI 用アルミナ基板の断面を示す．

基板材料として窒化アルミニウムはアルミナより優れた熱特性をもっているが，製
造コストが高いので生産量は多くない．もっとも熱伝導率の高い絶縁体はダイヤモン
ドである．特殊な大電力用 IC 基板材料として，ダイヤモンド基板が製造されている．

例題 2.6 つぎの用語を （ ）に入れて，文章を完成させよ．

A：体積収縮率　B：絶縁材料　C：ポリマー　D：LSI　E：窒化アルミニウム　F：
熱硬化性　G：炭素原子　H：モノマー　I：塩化ビニル　J：接着剤　K：マイ
カセラミックス　L：酸化アルミニウム　M：熱可塑性　N：重合

▶ **問1**　高分子とは （ ① ）の短い鎖をもった低分子化合物を （ ② ）して，1分
子あたりの原子の数を飛躍的に増加させた物質である．この低分子化合物を
（ ③ ），高分子を （ ④ ）とよんでいる．

▶ **問2**　温度を上昇させると軟化する高分子材料が （ ⑤ ） プラスチックである．
（ ⑥ ）は家電製品に多く使用されている代表的な （ ⑤ ） プラスチックであり，
耐熱温度は低い．

▶ **問3** エポキシ樹脂は（　⑦　）プラスチックであり，（　⑧　）や塗料として多量に使用されている．この樹脂は硬化時の（　⑨　）が小さいので電子部品への充填材として使用されている．

▶ **問4** 雲母粉末とガラスを焼き固めた素材が（　⑩　）である．この素材は切削加工による成形ができ，高温での（　⑪　）として使用されている．

▶ **問5** 大規模集積回路（　⑫　）の基板材料として，（　⑬　）や（　⑭　）などのセラミックス薄板が使用されている．

解答 ①G：炭素原子　②N：重合　③H：モノマー　④C：ポリマー　⑤M：熱可塑性　⑥I：塩化ビニル　⑦F：熱硬化性　⑧J：接着剤　⑨A：体積収縮率　⑩K：マイカセラミックス　⑪B：絶縁材料　⑫D：LSI　⑬L：酸化アルミニウム（またはE：窒化アルミニウム）　⑭E：窒化アルミニウム（またはL：酸化アルミニウム）

演習問題

問題2.1〜2.5節　つぎの用語を（　①　）〜（　⑮　）に入れて，文章を完成させよ．

A：導電性　B：4s　C：不純物　D：チタン酸バリウム　E：石英ガラス　F：酸化亜鉛　G：自由電子　H：ポリアセチレン　I：バリスタ　J：温度補償　K：銀　L：負　M：格子欠陥　N：PTC　O：1

▶ **問1** もっとも電気抵抗率の高い物質は（　①　）であり，もっとも電気抵抗率の低い物質は（　②　）である．

▶ **問2** 金属の電気伝導を担っているものが（　③　）である．銅原子の一番外側の（　④　）電子軌道には（　⑤　）個の電子が存在しており，銅結晶の中ではこの電子が（　④　）電子軌道から飛び出して，（　③　）として振る舞う．

▶ **問3** 金属中の（　③　）の運動を妨げるものとして，原子の振動以外に（　⑥　）や（　⑦　）がある．

▶ **問4** タッチパネルの電極材料として（　⑧　）高分子材料が使用されている．（　⑨　）は代表的な（　⑧　）高分子材料である．

▶ **問5** 大きな温度変化がある場所で使用される電子回路には，（　⑩　）の温度係数をもつ電気抵抗素子を組み込んで，回路の電気抵抗の（　⑪　）を行っている．

▶ **問6** 代表的な正の温度係数をもつ（　⑫　）サーミスタは（　⑬　）製である．

▶**問7**　落雷や静電気による異常な過電圧の吸収に使用される（　⑭　）には，炭化ケイ素や（　⑮　）が使用されている．

問題 2.6 節　つぎの用語を（　①　）〜（　⑩　）に入れて，文章を完成させよ．

> A：軟化　B：グリーンシート　C：ポリイミド樹脂　D：炭素原子　E：200℃　F：共有結合　G：プリント　H：窒化ホウ素　I：ポリ四フッ化エチレン　J：熱可塑性

▶**問8**　高分子は（　①　）が一方向に（　②　）によって結ばれているので，鎖方向には強いが，鎖と鎖の間の化学結合は弱いので，温度上昇に伴って容易に（　③　）する．

▶**問9**　耐熱性に優れた代表的な（　④　）プラスチックが（　⑤　）(商品名テフロン)である．

▶**問10**　耐熱性に優れたプラスチックが（　⑥　）であり，（　⑦　）以上に耐えることができるので，耐熱電子部品材料として使用されている．

▶**問11**　機械加工ができ，もっとも高温で使用できる素材が（　⑧　）である．この物質は黒鉛と類似の層状の結晶構造をもっている．

▶**問12**　セラミックス製 LSI 基板は，セラミックス粉末とプラスチックを混合した（　⑨　）上に電気回路の配線を（　⑩　）して，加熱焼成して製造する．

第3章
誘電材料

　物体に電圧をかけることを「電界を印加する」という．電気抵抗が大きな絶縁材料に電界を印加すると，原子中の電子は正極側に引き寄せられ，陽イオンは負極側，陰イオンは正極側に引き寄せられる．この状態が分極であり，とくに大きな分極が生じる材料を誘電材料とよぶ．誘電材料は電気回路のコンデンサとして利用されている．コンデンサは，学術用語としてはキャパシタが正しい使い方であるが，本書では一般的な用語として，コンデンサを使用した．

　本章では，電気分極の種類とコンデンサ材料について述べる．とくに実用上重要な強誘電物質であるチタン酸バリウムについて詳しく述べる．

3.1　誘電体の電気分極

　電気抵抗が大きな材料が絶縁体である．絶縁体に電界を印加すると，絶縁体中の陽イオンと陰イオンが反対方向に変位して電気双極子が生じる．電気双極子は，両端にプラスとマイナスの電荷をもつイオンのペアである．電気双極子が生じることを分極するという．

　電界の印加によって電気双極子が生じる物体が誘電体である．絶縁体は電界の印加によって分極するので，すべての絶縁体は誘電体であるということができる．絶縁体への電界印加による電気分極は，イオンの変位によるものだけではなく別の原因によるものもある．

　図 3.1 に 3 種類の電気分極を示す．

(a)電子分極　　結晶に電界をかけると，結晶をつくっている原子の原子核のまわりの電子分布が，元の位置からずれて生じる分極である．

(b)イオン分極　　正と負のイオンからなるイオン結合性の物質に電界をかけると，イオンの相対位置がずれて生じる分極である．

(c)配向分極　　もともと外部電界と関係なく，結晶中の正と負のイオンの中心がずれて生じた永久自発分極が存在し，外部電界がかかると自発分極が回転することによって生じる分極である．図 3.1（c）に示すように，外部電界（E）が 0 のとき，永久自発分極のベクトルの和は 0 であるが，E を印加すると，ベクトルの和は電界方向に有限の値を示す．

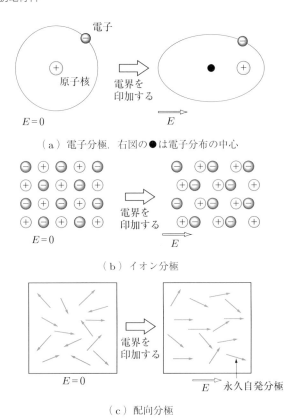

（a）電子分極．右図の●は電子分布の中心

（b）イオン分極

（c）配向分極

図 3.1　電気分極の種類（E は電界を示す）

　外部電界の向きを反転させることによって，永久自発分極の向きが反転する誘電体が強誘電体である．

　電気抵抗の小さな導電体に電界を印加しても分極は生じない．導電体には，比較的自由に動くことができる電子が存在し，電界の印加によって生じる分極が中和されるので，全体として分極が生じないからである．導電体である金属は誘電体になることができない．

　電荷を蓄える電子部品が蓄電器であり，蓄電器の英語訳はキャパシタ（capacitor）である．日本語では，一般に蓄電器のことをコンデンサ（condenser）とよんでいるので，本書では蓄電器をコンデンサとよぶことにする．

　コンデンサは，誘電体を電極で挟んだ構造をもっている．コンデンサの電気容量は，電極間物質の誘電率と電極の面積に比例し，電極間の距離に反比例する．同じ電極面

積をもつコンデンサの電気容量を大きくするためには，電極の間に挿入する誘電体をできるだけ薄くしたほうがよい．しかし，誘電体を薄くするほど，空孔などの欠陥の箇所で絶縁破壊が起きやすくなるので製造が難しくなる．

例題 3.1　つぎの用語を（　）に入れて，文章を完成させよ．

A：導電率　B：高　C：分極　D：低

誘電体とは，電界を印加すると（　①　）が生じる物質である．誘電体の（　②　）は（　③　）く，金属の（　②　）は（　④　）い．

解答　①C：分極　②A：導電率　③D：低　④B：高

3.2　コンデンサ

3.2.1　誘電率とコンデンサの例

電極間に電界 E を印加すると電束が発生する．電束の強さは電束密度 D で表す．同じ電界を電極間に印加した場合，物質がない真空状態と誘電体がある場合の電束密度では，誘電体がある場合のほうがはるかに大きい．E と D は比例の関係にある．この比例定数 ε（epsilon，イプシロン）を誘電率とよぶ．

$$D = \varepsilon E \tag{3.1}$$

物質の誘電率 ε と真空の誘電率 ε_0 の比，$\varepsilon/\varepsilon_0$ を比誘電率 ε_r と定義する．

$$\varepsilon_\mathrm{r} = \frac{\varepsilon}{\varepsilon_0} \tag{3.2}$$

実用上，もっとも大きな誘電率をもつ誘電体は $BaTiO_3$（チタン酸バリウム）であり，この物質は通称チタバリとよばれている．チタン酸バリウムは120℃以下で強誘電体に変化する．強誘電体は温度の上昇とともに特定の温度で強誘電性を失い，常誘電体（電界がないと分極しなくなる誘電体）に変化する．強誘電性を失う温度がキュリー温度である．

電子製品の小型化に伴って，コンデンサの小型化は重要な課題となっている．コンデンサの容量は誘電体の厚みに反比例するので，できるだけ薄く製造する努力が払われている．紙のように薄いチタン酸バリウムコンデンサを，何十層も重ねた積層コンデンサが製造されている．原料のシートを薄くするに従って，微小欠陥での絶縁破壊が発生しやすく，故障の原因になるので，シートの厚さは数 μm 程度が限界である．

チタン酸バリウム積層コンデンサは，粉体原料の焼結と電極の焼きつけを同時に

行って製造される.

一方，別の構造のコンデンサもある．チタン酸バリウムコンデンサは小さな結晶粒の集合体である多結晶体である．そこで，その結晶粒と結晶粒の間の粒界を利用する粒界コンデンサが開発され，実用化されている．結晶粒界は極めて薄い層なので，粒界を利用することによって超小型のコンデンサを製造することができる．粒界の英語訳である boundary layer の頭文字をとって，粒界コンデンサを BL コンデンサとよんでいる．BL コンデンサを含む各種のコンデンサの製造法については3.3節で述べる．

以上，チタン酸バリウムを使用したコンデンサについて述べたが，電子機器用には誘電率がそれほど大きくない常誘電体を使用したさまざまな種類のコンデンサが製造されている．表3.1にその代表例を示す．

表 3.1　代表的なコンデンサ材料

タイプ	材料	特徴
電解	酸化アルミニウム	アルミニウム表面を酸化して得られる酸化膜を利用，主として電子回路の平滑用に使われる
フィルム	マイラ（ポリエステル）等	電極箔で挟み，円筒状に巻く，絶縁抵抗が高い
多結晶体	酸化チタン	温度補償用低誘電率型，容量は大きくない
	チタン酸バリウム	高誘電率型，小さい形状で大容量のコンデンサをつくるのに用いられている

3.2.2　電界と分極

電極間に物質が存在しない真空中の電束密度 D_0 は，真空の誘電率 ε_0 と電界 E の積，$\varepsilon_0 E$ である．誘電体が存在する場合の電束密度 D（$=\varepsilon E$）と真空中の電束密度 D_0（$=\varepsilon_0 E$）の差が誘電分極 P である．この関係を式（3.3）に示す．

$$P = \varepsilon E - \varepsilon_0 E = (\varepsilon - \varepsilon_0) E \tag{3.3}$$

強誘電体に印加する電界 E と分極 P の関係を図3.2に示す．E の増加とともに P は S 字を引き伸ばした軌跡に沿って増加し，最終的には E と P の関係は直線的に変化する．その後，E を減少させ，$E=0$ のときの P が残留分極（P_r），反対方向に E を印加し，$P=0$ になる E が $-E_c$ である．$-E_c$ の絶対値を抗電界とよんでいる．この曲線を履歴曲線（hysterisis loop，ヒステリシス曲線）とよぶ．

さて，この履歴曲線はどうして生じるのであろうか．

強誘電体には，分域とよばれる永久電気双極子が平行に並んだ領域が存在する．永久電気双極子とは，外部電界がなくても自発的に生じる最小の電気分極のことである．

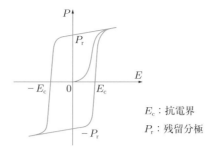

図 3.2 強誘電体の電界（E）と誘電分極（P）の関係（履歴曲線）

強誘電体中の各分域の分極方向はさまざまな方向を向いており，全体として打ち消しあった中性の状態にある．

　図 3.3 に示すように，強誘電体に電界を与えると，分域中の外部電界方向の電気分極成分が増加して，全体としてこの方向の分極が増加する．この分極成分の増加は，分域の境界の移動によって進行する．分域の境界の移動は，永久電気双極子の外部電界方向への回転によって起こる．

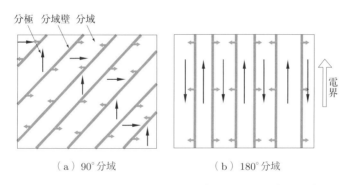

図 3.3 外部電界による分域壁の移動（➡と⬅は移動方向を示す）

　電気双極子の回転には，障壁を越えるためのエネルギーを必要とする．外部電界のエネルギーによって，回転した電気双極子の方向を元の方向に戻すには，再び余分なエネルギーを必要とする．このことが履歴曲線が生じる理由である．

　強誘電体に十分に高い電界を印加した後に電界を除くと，残留分極とよばれる分極が残る．強誘電体を，強誘電性がなくなるキュリー温度以上に加熱し，高電界を印加しながら冷却すると，大きな残留分極をもつ素子をつくりだすことができる．これが次章に述べる圧電素子であり，超音波振動子や赤外線センサとして利用されている．

　図 3.3 は，電界をゆっくりと変化させた場合の分極の変化を示したものである．電

界を大きな速度で変化させた場合，外部電界の変化に分域壁の移動が追従できなくなる．

外部電界の変化が速くなるほど，分域壁の移動に必要なエネルギーは大きくなる．この余分に必要なエネルギーを，誘電体の高周波損失とよんでいる．

誘電材料をコンデンサ，振動子，フィルタ等に使用する場合，使用周波数領域における高周波損失が，できるだけ小さい材料を選択する必要がある．

例題 3.2 つぎの用語を（ ）に入れて，文章を完成させよ．

A：誘電率　B：キュリー　C：残留分極　D：電界　E：チタン酸バリウム　F：電圧　G：履歴曲線　H：分極

▶**問1** 誘電体に（ ① ）を印加して発生する電束密度は（ ② ）に比例する．この比例定数を（ ③ ）とよぶ．

▶**問2** 代表的な強誘電体である（ ④ ）の化学式は $BaTiO_3$ で表される．この物質の（ ⑤ ）温度は 120℃ である．

▶**問3** 強誘電体に十分に高い電界を印加した後に電界を除くと，（ ⑥ ）の大きさはゼロに戻らない．印加する電界と分極の関係を示す曲線を（ ⑦ ）とよんでいる．

▶**問4** 強誘電体に高い電界を印加した後に電界を除くと，（ ⑧ ）とよばれる分極が残る．強誘電体を（ ⑤ ）温度以上に加熱して，高電界を印加しながら冷却すると，大きな（ ⑧ ）をもつ素子をつくることができる．

解答 ①D：電界　②F：電圧　③A：誘電率　④E：チタン酸バリウム　⑤B：キュリー　⑥H：分極　⑦G：履歴曲線　⑧C：残留分極

3.3 チタン酸バリウム

誘電率がもっとも大きな強誘電体は，$BaTiO_3$（チタン酸バリウム）である．チタン酸バリウムは，1942年にアメリカ，1944年に日本とソ連で発見された物質である．当時は第二次世界大戦中であり，各国の研究者達は，おたがいの研究成果を知ることはできなかった．

チタン酸バリウムは，ペロブスカイト型の結晶構造をもっている．ペロブスカイトは $CaTiO_3$ を主成分とする鉱物名である．チタン酸バリウムのキュリー温度 T_c は 120℃ であり，0℃ 〜 T_c では正方晶，T_c 以上では立方晶の結晶構造をもつ．図3.4に，チタン酸バリウムの温度変化に伴う結晶構造と自発分極の変化を示す．温度低下とと

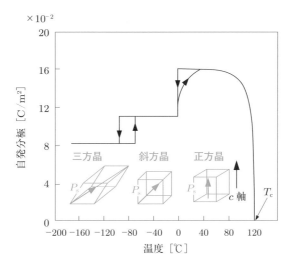

図 3.4 チタン酸バリウムの自発分極の温度変化（T_c はキュリー温度）

もに，0℃（273 K）付近で正方晶から斜方晶に転移して，自発分極はさらに低下する．
つぎに，−80℃（193 K）で三方晶に転移する．

　立方晶のチタン酸バリウム結晶で見られなかった自発分極が，正方晶や斜方晶，三
方晶構造で生じるのは，陽イオンと陰イオンの中心位置が変位するからである．その
例を正方晶チタン酸バリウムについて示す．図 3.5 に示すように，正方晶では酸化物
イオンに対して，チタンイオンとバリウムイオンが相対的に変位して自発分極が生じ
る．

　図 3.6 に示すように，チタン酸バリウムの比誘電率 ε_r は，室温付近では，温度上

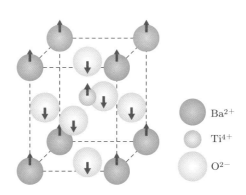

図 3.5 正方晶チタン酸バリウム（BaTiO₃）結晶における
陽イオンと酸化物イオンの変位（↑↓は変位の方向）

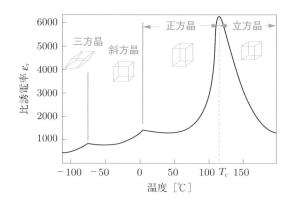

図3.6　チタン酸バリウムの比誘電率の温度変化

昇とともに増加し，自発分極を失うキュリー温度 T_c で極大を示す．

　自動車には多くの電子部品が使用されており，$-20 \sim 120℃$ の温度変化に耐えることが必要である．図3.6からわかるように，この温度範囲での比誘電率は $100 \sim 500\%$ も変化する．そこで，誘電率の大きさを犠牲にしても，温度変化の割合を小さくする必要がある．

　チタン酸バリウムに，同じペロブスカイト型結晶構造をもつ $CaSnO_3$ を添加すると，Ba^{2+} の位置に Ca^{2+} が，Ti^{4+} の位置に Sn^{4+} が入り，T_c が低温側に移動すると同時に，T_c 付近の比誘電率の温度変化はなだらかになる．$BaTiO_3$ を主成分とするコンデンサは，$MgTiO_3$，$CaTiO_3$，$SrTiO_3$ などの添加物を加えて，室温の比誘電率 ε_r を 1000 ～ 2000 に調整して使用されている．

　チタン酸バリウムコンデンサは，粉末原料を焼き固めた焼結体として製造されている．半導体素子の集積化に伴って，コンデンサも小型化する必要がある．コンデンサの容量は電極の面積に比例し，厚さに反比例するため，コンデンサをいかに薄くするかの挑戦が行われている．この結果，厚さが数 μm 程度のチタン酸バリウム薄板多数を電極で挟んだ積層コンデンサが実用化されている．

　電子集積回路は数 V の電圧によって作動させるものが多い．たとえば，厚さ 10 μm のコンデンサに 5 V の電界を印加する場合，1 mm あたりに換算すると 500 V に相当し，わずかな欠陥が放電破壊の原因になることがわかる．

　一方，チタン酸バリウムコンデンサは多結晶体であり，大きさ数 μm の結晶粒からなっている．この結晶粒と結晶粒との間の粒界をコンデンサにすることができれば，粒界は極めて薄いものなので，容量の大きなコンデンサにすることができる．この夢を実現したのは，日本電信電話公社（現在の NTT）の和久茂と内館守であった．こ

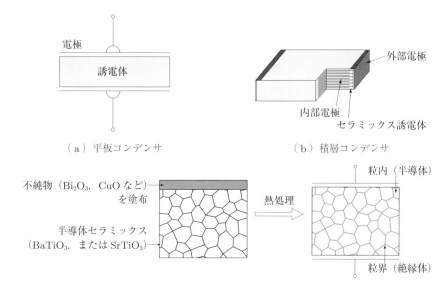

（a）平板コンデンサ （b）積層コンデンサ

（c）BL コンデンサ

図 3.7 小型コンデンサの例

の超小型のコンデンサは，粒界（BL；boundary layer）コンデンサとよばれている．図 3.7 に平板コンデンサと積層コンデンサと BL コンデンサの概念図を示す．

例題 3.3　つぎの用語を（　）に入れて，文章を完成させよ．

A：ペロブスカイト　B：Ti^{4+}　C：チタバリ　D：積層　E：チタン酸バリウム　F：焼結体　G：キュリー　H：O^{2-}

▶ **問1**　化学式が $BaTiO_3$ で表される物質の物質名は（　①　）であり，通称（　②　）とよばれ，（　③　）型の結晶構造をもつ．

▶ **問2**　（　①　）において（　④　）温度以下で自発分極があらわれるのは，陽イオンの（　⑤　）と陰イオンの（　⑥　）が変位するからである．

▶ **問3**　$BaTiO_3$ を主成分とするコンデンサは，粉末原料をシート状に焼き固めた（　⑦　）として製造されている．たくさんの強誘電体粉末層と電極を交互に重ねて焼き固めたコンデンサを（　⑧　）コンデンサとよぶ．

解答　①E：チタン酸バリウム　②C：チタバリ　③A：ペロブスカイト　④G：キュリー　⑤B：Ti^{4+}　⑥H：O^{2-}　⑦F：焼結体　⑧D：積層

演習問題

問題 3.1～3.2 節 つぎの用語を（ ① ）～（ ⑪ ）に入れて，文章を完成させよ.

> A：電気双極子　B：面積　C：キュリー　D：電子　E：高周波　F：反比例　G：薄くする　H：電子分極　I：分域　J：誘電率　K：常誘電体

▶**問1** 物質に電界をかけると，物質中の原子核のまわりの（ ① ）の分布が元の位置からずれて分極が生じる. この分極を（ ② ）とよぶ.

▶**問2** コンデンサの電気容量は，電極間物質の（ ③ ）と電極の（ ④ ）に比例する.

▶**問3** 強誘電体は，温度の上昇とともに特定の温度で強誘電性を失い，（ ⑤ ）に変化する. この特定の温度を（ ⑥ ）温度とよぶ.

▶**問4** コンデンサの容量は，使用する誘電体の厚さに（ ⑦ ）するので，コンデンサの小型化のためには，電極間の厚さを（ ⑧ ）努力が払われている.

▶**問5** 強誘電体には（ ⑨ ）とよばれる（ ⑩ ）が並行にならんだ領域が存在する.

▶**問6** 強誘電体に印加する電界の大きさを高速で変化させた場合，分極の変化が電界の変化に追従できなくなる. これは（ ⑨ ）壁の移動が追従できなくなること意味している.（ ⑨ ）壁の移動に伴うエネルギーの損失を（ ⑪ ）損失とよんでいる.

問題 3.3 節 つぎの用語を（ ① ）～（ ⑦ ）に入れて，文章を完成させよ.

> A：キュリー　B：極大　C：正方晶　D：焼結体　E：減少　F：粒界（BL）　G：立方晶

▶**問7** 化学式が $BaTiO_3$ で表される物質の室温での結晶構造は，立方体を z 軸方向に引き伸ばした（ ① ）であり，温度が上昇すると，強誘電性を失う（ ② ）温度以上で，（ ③ ）に転移する.

▶**問8** $BaTiO_3$ の誘電率は，温度上昇とともに自発分極を失う（ ② ）温度で（ ④ ）を示し，その後，温度上昇とともに急激に（ ⑤ ）する.

▶**問9** 原料粉末を焼き固めた（ ⑥ ）の結晶粒内の電気抵抗を低下させて，粒間の抵抗を高めて，粒界部分を利用するコンデンサを（ ⑦ ）コンデンサとよぶ.

第4章
圧電材料と電歪材料

　誘電材料に電界を印加すると変形する．この現象は，誘電体をつくっているイオンが結晶中で変位するからである．誘電体に高周波電界を印加すると，電界波形に対応する収縮が起こり振動する．この収縮が大きな誘電材料が圧電材料である．この現象を利用したインクジェットプリンタが実用化されている．

　また，圧電材料を叩くと瞬間的に電圧が発生する．この現象を利用したガス点火器具が製造されている．

　本章では，圧電現象と代表的な圧電材料について述べる．また，防犯用センサ等に使用されている圧電材料の一種である，焦電材料についても解説する．

4.1　圧電材料

　誘電体に応力を印加する（圧縮したり引張ったりする）と表面に電荷が生じる現象が圧電効果であり，電界を印加すると誘電体が歪む（変形する）現象が逆圧電効果である．本章では，この二つの現象をまとめて圧電効果とよぶ．圧電効果の大きな材料が圧電材料である．

　圧電材料は超音波振動子，高周波フィルタ，アクチュエータ（変位を与える素子や部材），表面波素子，パルス電圧発生器等に使用されている．超音波振動子は，魚群探知器や医療診断用機器，圧電モータに利用されている．

　もっとも多く使われている圧電材料は PZT である．PZT は，その組成元素の Pb（鉛），Zr（ジルコニウム），Ti（チタン）の頭文字を並べたもので，これに酸素が加わった，化学式 $Pb(Zr,Ti)O_3$ で表される酸化物である．ここで，(Zr,Ti) は，Zr と Ti 合わせて 1 mol を意味している．

　PZT は $PbZrO_3$（ジルコン酸鉛）と $PbTiO_3$（チタン酸鉛）の混晶である．混晶とは，結晶の特定位置に 2 種類以上の元素が位置する物質である．PZT は，ペロブスカイト型結晶構造の中の 6 個の酸化物イオンで囲まれた八面体位置に，Zr と Ti が混在した酸化物である．

　PZT 圧電素子は，粉末原料を焼き固めた焼結体として製造される．焼結体は微細な結晶が集合した多結晶体である．圧電材料は後に述べる表面波素子材料としても利用されている．この素子材料として，多結晶 PZT 以外に $LiNbO_3$（ニオブ酸リチウム），$LiTaO_3$（タンタル酸リチウム），$Li_2B_4O_7$（ホウ酸リチウム）の単結晶，AlN（窒化

表 4.1　代表的な圧電材料

デバイス形態	材料	形態	用途
高電圧発生素子	PZT	焼結体	ガス点火機器
超音波振動子	PZT	焼結体	ソナー，医療機器，高周波フィルタ
超音波振動子	水晶	単結晶	時計
超音波振動子	PVDF	フィルム	音響機器，医療機器
アクチュエータ	PZT	焼結体	プリンタ，超音波モータ
表面波デバイス	$LiNbO_3$	単結晶	高周波フィルタ，遅延回路

アルミニウム），ZnO（酸化亜鉛）の薄膜が使用されている．

このほか，PVDF（ポリフッ化ビニリデン）とよばれる大きな圧電特性を示す高分子圧電材料が音響機器に使用されている．

表 4.1 に，水晶を含めた代表的な圧電材料を示す．

圧電材料の重要な性能評価項目の一つが，電気機械結合係数 k である．圧電素子に電界を与えて歪みを生じさせた場合，k^2 は次式で定義される．

$$k^2 = \frac{（歪みのような力学的な形で圧電材料に蓄えられるエネルギー）}{（電気的入力エネルギー）} \tag{4.1}$$

電気機械結合係数 k の 2 乗 k^2 は，圧電材料へ投入した電気エネルギーの歪み（変形）エネルギーへの変換効率を意味している．k は 1 より小さな小数であり，k が 1 に近いほど変換効率の高い圧電材料である．

例題 4.1　つぎの用語を（　）に入れて，文章を完成させよ．

A：電荷　B：PZT　C：応力　D：ペロブスカイト　E：8　F：圧電効果　G：6

▶ **問1**　誘電体に（　①　）を印加すると表面に（　②　）が発生する現象が（　③　）である．

▶ **問2**　代表的な圧電材料である（　④　）は（　⑤　）型の結晶構造をもっている．この構造において，Zr と Ti は，（　⑥　）個の酸化物イオンに囲まれた（　⑦　）面体位置に分散している．

解答　①C：応力　②A：電荷　③F：圧電効果　④B：PZT　⑤D：ペロブスカイト　⑥G：6　⑦E：8

4.2 圧電材料の応用

　ガスコンロの着火装置，超音波加湿器など生活に使われている圧電材料のほとんどは PZT である．以下に圧電材料利用の例を述べる．

4.2.1 超音波を使った魚群探知と医療診断

　音波は縦波である．人が聴こえる音波の周波数は $20 \sim 20000\,\mathrm{Hz}$ 程度であり，年齢とともに高い周波数の限界値が低くなる．人が聴こえないほどの高い周波数の縦波を超音波とよんでいる．

　超音波振動子を水中に漬けて振動させると，その振動が縦波として水中を伝播する．振動子は特定の波長で共振させることができる．共振によって振動子の振幅が増加するので，大きな縦波を発生させるためには共振を利用する．

　海中に超音波を発射すると，海底や魚群で超音波が反射して戻ってくる．海水中の音波伝播速度と超音波が戻ってくるまでの時間を掛けると，超音波が伝播した往復距離がわかる．また，超音波反射の空間分布から反射物体の形がわかる．この原理を利用して魚群探知や海底の地形測量が行われている．超音波の発生源には PZT 振動子が使われている．図 4.1 に魚群探知の原理を示す．

　水中ばかりでなく，空気中の超音波の反射を利用して物体の位置や移動速度を計測

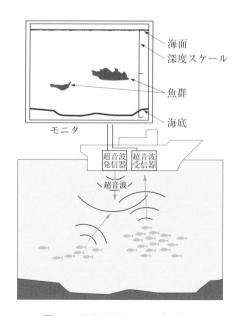

図 4.1 超音波を利用した魚群探知

することができる．自動車の衝突防止センサにも超音波が利用されている．また，超音波の検出にも圧電材料が使用されている．超音波が圧電材料に到達すると，表面がわずかに歪んで，電圧が発生する．この信号から反射波の到達時間を検知することができる．実際には1個の振動子で発信と受信を行う．高周波パルスを放射した後，音波が反射して戻ってくるまでの間に，回路を受信に切り替える．この操作を連続的に行って測定精度を高めることができる．

戦闘中の潜水艦が，目標の艦までの距離を計測するためには，単発の超音波を発射して，反射波の到達時間を計測することがある．しかし，このことによって相手艦の圧電センサがこの波を感知して，超音波発射源の存在をつきとめることもある．そのため，隠密行動のときは圧電センサの感度を最大にして相手の音を観測することが行われている．

現在，もっとも多く使われている超音波を使った撮像デバイスは，医療用のものである．人間ドックでおなじみの肝臓や胆のう検査機器用，胎児診断機器用などと用途は広い．これらは水中探査技術の進歩がもたらした技術の応用である．骨を除く人間の体は，ほとんど水に近い音響特性をもった物質からできているので，水中を伝播する超音波は容易に体内にも伝播する．

4.2.2　インクジェットと燃料噴射

圧電材料をどの程度伸び縮みさせることができるのだろうか．厚さ 10 mm の PZT に 5 kV の電界をかけると 0.1％，すなわち 10 μm の変形を行うことができる．これ以上の電界を印加すると，PZT 素子がひび割れすることがある．一般に，物体の大きな変形を行うために圧電材料に限界を超える高電界を印加すると，破壊や放電による絶縁破壊が起きる．

圧電アクチュエータは，厚さ 1 cm のバルク素子として使用するよりも，厚さ 1 mm の圧電素子を 10 枚重ねて，それぞれに 500 V の電界を印加するほうが，安定した変位を得ることができる．1 cm あたりに直すと 5 kV となり，同じ電界を印加したことになる．しかも，薄いほど同じ割合の変形に対して壊れにくいという利点がある．実際には厚さ 0.05 mm（50 μm）程度の PZT シートを積層して，10 μm 程度を伸び縮みさせるアクチュエータが製造されている．図 4.2 に積層圧電アクチュエータの断面を示す．

厚さ 10 mm のアクチュエータによって得られる変位は 10 μm 程度なので，利用価値が高くないように思われがちである．しかし，微量の液体を正確に注入することもできるため，インクジェットプリンタのインク噴射素子としては適当な振幅である．

最近の自動車の燃料供給は電子制御で行われている．精密に燃料を注入する方法と

図 4.2 積層圧電アクチュエータ

して圧電アクチュエータが使用されているが，エンジン周りの温度が100℃以上に上昇するため，耐熱性の圧電アクチュエータの開発が行われている．PZT は温度上昇とともに圧電特性が急激に低下する．200℃以上でも PZT 並みの特性をもつ圧電物質の誕生が待たれるところである．

4.2.3 超音波モータ

圧電材料は，印加する電界に応じて伸び縮みするだけであるが，圧電材料を数多く並べて，順番に振動させると，水面を進む波のような進行波をつくることができる．圧電材料に弾性体のリングを押しつけて，圧電材料の表面に進行波を走らせることによってリングの表面にも進行波が発生し，その上の物体を動かすことができる．これ

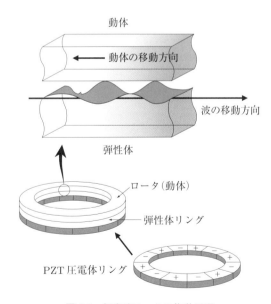

図 4.3 超音波モータの作動原理

が超音波モータの作動原理である．回転機構が簡単なので，モータをコンパクトにまとめることができる．図 4.3 に超音波モータの作動原理を示す．

　圧電モータに使われている駆動用素材は PZT である．超音波モータは，スマートフォンのカメラを含む自動焦点カメラのレンズの駆動機構に使われている．リング状の駆動機構はレンズのケースに組み込むことができるので，光学機械にうってつけである．超音波モータの欠点は，大きな駆動出力を出せないことである．負荷が大きくなるにつれて，同じ印加電界に対する振幅が小さくなり，また，圧電体リングと弾性体リングの摩擦による駆動が困難になる．このため，強力なトルクが発生できる圧電モータの開発が行われている．

4.2.4　表面波デバイス

　固体の表面を伝播する弾性波を利用する表面波デバイスが，高周波フィルタや信号の遅延回路に使用されている．図 4.4 に表面波デバイスの概念図を示す．圧電材料の表面に，一対の櫛形電極を組み合わせて高周波の電界を印加すると，圧電効果によって表面弾性波（SAW；surface acoustic wave）が発生する．圧電材料固有の性質に応じた電極の間隔を選ぶことによって，振幅の大きな共振周波数を発生させることができる．

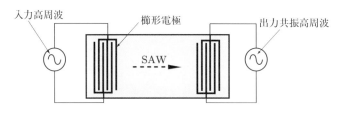

図 4.4　表面波デバイス（SAW：表面弾性波）

　多成分周波数からなる SAW が，表面を伝播してほかの一対の櫛形電極に到達して，電圧として検出される場合，共振周波数部分の利得が大きいので，フィルタとして利用することができる．誘電体の厚さ方向に伝播させるバルク共振フィルタにくらべて，SAW フィルタは高い周波数に適しており，100 MHz 〜数 GHz 領域のフィルタとして使用されている．携帯電話にこの領域の高周波が使用されているので，SAW フィルタが多量に製造されている．

　SAW フィルタ用の圧電基板として，$LiNbO_3$（ニオブ酸リチウム），$LiTaO_3$（タンタル酸リチウム），$Li_2B_4O_7$（ホウ酸リチウム）の結晶，AlN（窒化アルミニウム），ZnO（酸化亜鉛）などの薄膜，$PbTiO_3$（チタン酸鉛），PZT などの多結晶体が用い

られている.

例題 4.2　つぎの用語を（　）に入れて，文章を完成させよ.

A：アクチュエータ　**B**：超音波モータ　**C**：リング状　**D**：1

▶**問1**　圧電材料に電界を印加して，物体を移動させる素子を（　①　）とよぶ. 厚さ 1 mm の圧電材料に 1 kV の電界を印加すると 10^{-3} 変形する場合，（　②　）μm 変形する.

▶**問2**　たくさんの圧電材料を（　③　）に並べて，その上に金属製のリングをおき，圧電材料表面を進む進行波を走らせることによって，リングを回転させることができる. この原理を利用した駆動力デバイスを（　④　）とよぶ.

解答　①**A**：アクチュエータ　②**D**：1　③**C**：リング状　④**B**：超音波モータ

4.3　高分子圧電材料

　高分子材料の圧電特性の研究は，かなり古くから行われており，高分子材料の一種である木材が圧電性を示すことが知られている. しかし，その大きさは，圧電性セラミックス PZT にくらべて比較にならないほど小さく，実用材料としての可能性はほとんどないと考えられてきた.

　1969 年に PVDF（ポリフッ化ビニリデン）が非常に大きな圧電性を示すことが，わが国において発見された. PVDF は $[(-CH_2-CF_2-)]_n$ なる化学式で表される高分子である.

　PVDF はさまざまな結晶形をもっているが，高い圧電特性をもつのは I 型とよばれるもので，シート状に延伸することによって優れた圧電特性を示す. PVDF を溶融成形したのちに，一方向に延伸する. この操作によって結晶粒が延伸の方向にそろう. これに高電界をかけた状態で，高温から冷却することによって，CF_2 がフィルムの厚さ方向に配向し，高い圧電性を示す. そのように電界をかけながら冷却することをポーリング処理とよぶ.

　以上のような延伸とポーリング処理をした PVDF の室温での誘電率は 13，圧電歪定数は 10^{-10} m/V，電気機械結合係数は 0.2 ～ 0.3 である. 圧電歪定数は与えた電界によって生じる歪みの割合である（電歪については次節を参照）. PVDF はフレキシブルな膜状の圧電材料としてさまざまな応用が進んでいる. たとえば，高分子圧電スピーカー振動板では，優れた音響特性をもった製品が市場に登場している. 医療用の超音波診断装置の振動子への応用も期待されている.

例題 4.3　つぎの用語を（　）に入れて，文章を完成させよ．

A：高電界　B：圧電性　C：PVDF　D：ポーリング

　大きな圧電性を示す高分子（　①　）がわが国において発見された．この高分子材料を溶融成形後に一方向に引き伸ばし，（　②　）をかけた状態で高温から冷却することによって高い（　③　）を示すようになる．この操作を（　④　）処理とよぶ．

解答　①C：PVDF　②A：高電界　③B：圧電性　④D：ポーリング

4.4　電歪材料

　圧電材料に電界を印加すると歪む現象には，圧電効果のほかに電歪（でんわい）とよばれるものがある．圧電効果による歪みは，電界に比例してほぼ直線的に変化するが，電界を増加させる場合と減少させる場合では，同じ電界に対する歪みの大きさに差が生じることが欠点である．

　電界と歪みの関係が直線的ではないが，電界の増加と減少の場合，同じ電界に対する歪みの大きさはほとんど同じであり，電界の変化に対して再現性よく変位を示す現象が電歪である．圧電効果による歪みが直線的であるのに対して，電歪効果は歪みが電界の2乗に比例するもので，二次の効果とよばれている．

　大きな電歪効果を示す物質には PMN がある．PMN はチタン酸バリウムや PZT と同じペロブスカイト型の結晶構造をもった酸化物である．PMN は $PbTiO_3$（チタン酸鉛）と $MgNbO_3$（ニオブ酸マグネシウム）の混晶であり，元素 Pb と Mg と Nb の頭文字を並べたものである．

　PMN は室温では強誘電性を示さないが，電界の印加によって大きな歪みを示す．電歪材料は自発分極をもっていないが，電界に対して結晶内のイオンが大きな変位を生じて全体が歪む素材である．

　$0.1(PbTiO_3) - 0.9(MgNbO_3)$ の組成をもつ PMN の電界–歪み曲線を図 4.5 に示す．

　電界が 5 kV/cm での歪みは 0.025 ％であり，圧電材料 PZT の 4 分の 1 程度である．PMN に印加する電界を増加させる場合と，

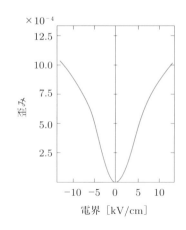

図 4.5　電歪材料 PMN の電界–歪み曲線

減少させる場合の歪みの大きさの差はほとんど無視できるほど小さなものなので，PMN は物体の位置を精密に制御するアクチュエータ素子材料として使用されている.

一方，圧電材料 PZT は電界を増加させた場合と減少させた場合の歪みの変化に大きな差が生じるので，精密な位置制御に使用することはできない.

例題 4.4 つぎの用語を（　）に入れて，文章を完成させよ.

> A：PMN　B：歪む　C：電歪

圧電材料に電界を印加して（ ① ）現象は，圧電効果のほかに（ ② ）効果によるものがある.（ ② ）効果の大きな（ ③ ）が実用化されている.

解答 ①B：歪む　②C：電歪　③A：PMN

4.5 焦電体

応力をかけない自然状態で自発分極をもっている強誘電体が焦電体（しょうでんたい）である. 焦電体の表面には自発分極による電荷が存在するが，空気中のイオンと表面の電荷が結合して中和状態になっている. 温度が変化すると自発分極の大きさが変わり，表面電荷の大きさが変化するため，表面に電荷があらわれる. この現象を利用して微弱な温度変化を検知することができる.

たとえば，人体から微弱な赤外線が放出されているため，人間が焦電体センサに近づくと，わずかであるがセンサの表面温度が上昇し，電荷があらわれる. この現象を利用して，自動ドアや防犯用として人間を感知する焦電体センサが使用されている.

通常の焦電体センサとして PZT，高感度なものとして PLT（(Pb,La)TiO$_3$）が使用されている. PLT は，チタン酸鉛の Pb の一部を La（ランタン）で置き換えたものである.

焦電体は圧電材料の一種である. 温度上昇とともに，特定の温度で圧電特性が消失する. 圧電特性が失われる温度がキュリー温度 T_c である. T_c より少し下の温度領域では，温度上昇とともに圧電特性がゼロに向かって急速に変化する. このことは自発分極の大きさが，温度とともに急速に小さくなることを意味している.

焦電体の表面に電極をつけて回路につなぎ，温度を変化させると回路には電流が流れる. ただし，いったん電流が流れると，表面にあらわれた電荷はすぐに中和される.

人間からは波長 10 μm 程度の赤外線が放射されている. 人の目が感じることができるのは 0.3 〜 0.8 μm の可視領域の光であって，10 μm の赤外線はまったく感じることができない.

　人間を感知する焦電センサとして，波長 10 μm 程度の赤外線によって温度が変化する焦電体が必要である．このためには，センサ材料の焦電特性が大きいばかりでなく，検出部が極端に薄いことが必要である．微弱な赤外線によって，センサ部の温度をできるだけ上昇させるためには，検出部の熱容量をできるだけ小さくすることが必要である．薄くすることによって，応答時間を短縮することができる．図 4.6 に代表的な焦電センサの構造を示す．

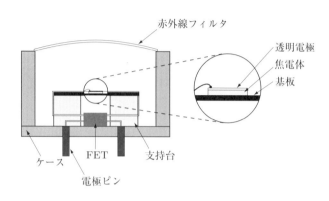

赤外線フィルタ

透明電極
焦電体
基板

FET　　支持台
ケース
電極ピン

図 4.6　焦電センサの構造

　焦電センサの例として自動ドアのセンサを考える．自動ドアのセンサは，ドアが閉まってつぎの人が来るまでに，センサの温度が元に戻っている必要がある．そのため，熱容量が小さなセンサが必要である．焦電センサを防犯用に使用する場合はさらに，素早く動く人間を検出するために，極端に熱容量が小さくて高感度のセンサが必要である．そのような高感度センサ材料として，単結晶 LiTaO$_3$ の薄片が使用されている．

> **例題 4.5**　つぎの用語を（　）に入れて，文章を完成させよ．

> A：焦電体　B：可視　C：自発分極　D：中和　E：10 μm

▶ **問 1**　応力をかけない自然の状態で（　①　）をもっている強誘電体が（　②　）である．この材料の表面には（　①　）による電荷が存在するが，空気中では空気に含まれるイオンと電荷が結合して（　③　）状態になり，電荷は隠されている．

▶ **問 2**　人間からは波長（　④　）程度の赤外線が放射されている．人の目が感じることができる光は波長 0.3 〜 0.8 μm の（　⑤　）領域の光である．

解答　① C：自発分極　② A：焦電体　③ D：中和　④ E：10 μm　⑤ B：可視

─── **演習問題** ───

問題 4.1～4.3 節　つぎの用語を（　①　）～（　⑫　）に入れて，文章を完成させよ．

A：1　B：超音波　C：0.12　D：混晶　E：電気機械結合　F：表面弾性波　G：PZT　H：櫛　I：縦波　J：1800　K：SAW　L：積層

▶**問1**　もっとも多く使われている圧電材料が，チタン酸鉛とジルコン酸鉛の（　①　）である（　②　）である．

▶**問2**　圧電材料に電気エネルギーを与えると，変形して力学的なエネルギーに変わる．この変換効率を表すものが（　③　）係数である．この係数が（　④　）に近いほど変換効率は高い．

▶**問3**　音波は（　⑤　）の一種である．水中を伝わる音波の速度は 1500 m/s である．船から発信された音波の一種である（　⑥　）が海底に反射して戻ってくるまでに 2.4 秒かかった．水深は（　⑦　）m である．

▶**問4**　100 V あたり，0.01％変形する厚さ 0.1 mm の圧電材料に電極を取りつけ，8 枚重ねてそれぞれに 150 V の電界を印加すると，全体で（　⑧　）μm 変形する．このような変位素子を（　⑨　）圧電素子とよぶ．

▶**問5**　圧電材料表面に（　⑩　）状の電極をつけて，高周波電界を印加すると，表面を伝播する（　⑪　）が発生する．この波は（　⑫　）とよばれている．

問題 4.4～4.5 節　つぎの用語を（　①　）～（　⑦　）に入れて，文章を完成させよ．

A：(Pb,La)TiO₃　B：赤外線　C：PbTiO₃　D：電歪　E：焦電体　F：MgNbO₃　G：PZT

▶**問6**　代表的な（　①　）材料は PZT と同じ結晶構造をもつ PMN である．PMN は元素 Pb，Mg，Nb の頭文字を並べたものであり，チタン酸鉛（　②　）とニオブ酸マグネシウム（　③　）の混晶である．

▶**問7**　人間を感知する（　④　）センサは，人体が放射する（　⑤　）によって，（　④　）センサの温度がわずか上昇し，センサ表面電荷の変化を検出することによって感知が行われる．

▶**問8**　一般に使用されている焦電体は（　⑥　）である．さらに高感度のものとして，チタン酸鉛の Pb の一部を La で置き換えた PLT（　⑦　）が使用されている．

第5章
磁気材料

　実用材料として使用されている磁気材料がもっている磁気のルーツのほとんどは原子磁石である．原子磁石の磁気のほとんどは，原子を構成している電子の磁気スピンに由来する．磁石に強く引き寄せられるもの，弱く引き寄せられるもの，反発するものと，さまざまな物質がある．この違いを物質中の原子磁石の配列から説明する．

　磁界の勾配にそって強く引き寄せられる磁気材料が強磁性材料である．強磁性材料には，それ自身が永久磁石である硬質強磁性体（ハードマグネット）と，永久磁石に強く引き寄せられる軟質強磁性体（ソフトマグネット）がある．本章では，その違いについて，磁区の概念を使って説明する．

5.1　物質の磁気的性質

　あらゆる物質は磁性をもっており，すべての物質は磁性体とよぶことができる．その中でも磁石に強く引き寄せられるものは限られており，これを強磁性体とよんでいる．

　磁性体は強磁性体，常磁性体，反強磁性体に分類される．物質を構成している多くの原子は極めて小さな永久磁石であり，この原子磁石を永久磁気双極子とよぶ．磁気双極子は強さと方向をもつ磁気モーメントとして表示される．

　原子の磁気モーメントは，どのようにして生じるのであろうか．原子の磁気モーメントは，原子がもっている電子の自転によるスピン磁気モーメント，電子が原子核周囲を軌道運動することによる軌道磁気モーメント，原子核から生じる核磁気モーメントを合成したものである．三番目の核磁気モーメントは電子によるものにくらべて，はるかに小さなものであり，本書では無視する．

　磁気の最小単位はボーア磁子であり，μ_B（μ は mu，ミュー）で表す．1個の電子スピン磁気モーメントは $1\,\mu_B$ である．

　電子は，原子核に近い内側の電子軌道から順番に席を占めてゆく．内側から二つの s 電子軌道 1s と 2s，その外側に一つの p 電子軌道が続く．s 電子軌道は一つ，p 電子軌道は三つの電子軌道をもっている．一つの軌道には磁気スピンが上向きの電子と，下向きの電子が入ることができる．まず上向きの磁気スピンをもつ電子が，同じ種類の電子軌道の中に入り，いっぱいになったら，つぎに反対向きの電子が入る．

Ne（ネオン）を例にとると，Ne 原子は $1s^2$，$2s^2$，$2p^6$ の計 10 個の電子をもっている．s 軌道に上向きと下向きスピンの 2 個の電子が入る．p 軌道は三つあり計 6 個の電子が入る．すべての軌道がペアの電子で占められると，上向きと下向きの磁気モーメントが打ち消しあって，全体として磁気モーメントはなく，反磁性とよばれる状態にある．

原子が磁気モーメントをもつためには，電子の磁気モーメントが打ち消されない部分が残る必要がある．その役割を果たすのが d 電子や f 電子である．

外側の電子軌道に 3d 電子をもつ元素が 3d 遷移金属元素であり，Ti（チタン），V（バナジウム），Cr（クロム），Mn（マンガン），Fe（鉄），Co（コバルト），Ni（ニッケル）がある．

Fe 原子は 26 個の電子をもっており，その電子配置は $1s^22s^22p^63s^23p^63d^64s^2$ である．s 軌道と p 軌道はいっぱいにつまっているので，磁気モーメントは打ち消しあっている．3d 軌道は五つの電子軌道からなっているので，10 個の電子が入ることができる．Fe 原子の 3d 電子は 6 個である．この電子のうち，上向きの磁気モーメントをもつ 5 個の電子が 3d 軌道に入り，つぎに残りの下向き磁気モーメントをもつ電子 1 個が入る．よって，差し引き 4 個分が合成磁気モーメントとしてあらわれる．

結晶中では，原子またはイオンの磁気モーメントが規則的に配列したほうが，バラバラの状態より磁気エネルギーが低下する．磁気モーメントが平行に配列した状態がフェロ磁性であり，反平行状態が反強磁性である．図 5.1 に磁気モーメントの配列状態を示す．大きさの異なった 2 種類の磁気モーメントが反平行に配列すると，打ち消しあうことができず残った磁気モーメントが外部に強磁性としてあらわれる．このタイプの磁性をフェリ磁性（図（c））とよんでいる．また，磁気モーメントの方向がバラバラの状態を常磁性（図（d））とよんでいる．

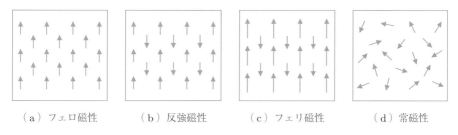

（a）フェロ磁性　　　（b）反強磁性　　　（c）フェリ磁性　　　（d）常磁性

図 5.1 磁気モーメントの配列

例題 5.1 つぎの用語を（　）に入れて，文章を完成させよ．

A：反強磁性体　B：スピン　C：強磁性体　D：磁気モーメント

▶ **問1** 磁性体は磁石に引き寄せられる（　①　）と引き寄せられない（　②　），常磁性体に分類される．

▶ **問2** 原子の（　③　）は，電子の自転による（　④　）磁気モーメント，軌道運動による軌道磁気モーメント，原子核から生じる核磁気モーメントを合成したものである．

▶ **問3** 結晶中の原子の（　③　）が平行に配列した磁性体が（　①　）であり，反平行に配列したものが（　②　）である．

解答　①**C**：強磁性体　②**A**：反強磁性体　③**D**：磁気モーメント　④**B**：スピン

5.2　鉄と酸化鉄の磁性

5.2.1　鉄の強磁性

Fe 原子は外側の 3d 電子軌道に 6 個，4s 電子軌道に 2 個の電子をもっている．鉄の結晶は Fe 原子が体心立方型に配置しており，結晶の中では 3d 電子と 4s 電子のエネルギー準位が接近しているために，3d 電子 6 個と 4s 電子 2 個がいっしょになって，特定のエネルギー幅をもつバンド（帯）を形成し，7.88 個の電子がその中に入る．残りの 4s 電子 0.12 個は自由電子として扱う．

7.88 個の電子のうち，一方向の磁気スピンをもった 5 個の電子と反対向き磁気スピンをもった 2.88 個の電子がこのバンドに入る．この結果，鉄は 1 原子あたり，5 − 2.88 = 2.12 μ_B の強磁性を示す．

原子の磁気モーメントと磁気モーメントとの間には，モーメントの向きが平行（または反平行）に配列する電磁気的な相互作用が働く．これを交換相互作用とよぶ．この相互作用には，磁気モーメントと磁気モーメントが直接に作用する直接交換相互作用と，酸化物イオンを介して行う超交換相互作用がある．

金属の磁性体では，直接交換相互作用のほかに伝導電子が仲介する s−d 交換相互作用が働くので，磁性のメカニズムは複雑である．s は s 電子，d は d 電子を意味している．

5.2.2　酸化鉄の磁性

磁鉄鉱のような酸化物中の鉄はイオンとして存在するので事情は異なる．鉄原子が

酸素と結合するとき，3個の電子を失い Fe^{3+} になる．酸化の条件によっては2個の
電子を失い Fe^{2+} になる．Fe^{3+} を含む酸化物をフェライト（ferrite）とよんでいる.

　鉄原子から2個の 4s 電子が飛び出すと，3d 電子6個の Fe^{2+} になる．さらに，も
う1個の電子が 3d 軌道から飛び出すと，3d 電子5個の Fe^{3+} になる.

　酸化鉄の一種であるヘマタイト（Fe_2O_3）は，磁性イオンとして Fe^{3+} だけを含ん
でいるが，磁鉄鉱（マグネタイト，Fe_3O_4）は Fe^{2+} と Fe^{3+} からなっている．Fe^{3+} の
3d 電子の数は5個であり，3d 遷移金属イオンの中でもっとも大きな磁気モーメント
をもつ．図 5.2 に鉄イオンの磁気モーメントを示す.

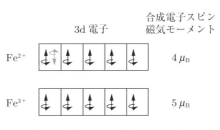

図 5.2　鉄イオンの磁気モーメント

　Fe^{2+} の磁性について考えてみよう．Fe^{2+} は6個の 3d 電子をもっている．上向き磁
気モーメントをもつ5個の 3d 電子と1個の下向きの 3d 電子が 3d 電子軌道に入るの
で，差し引き4個の 3d 電子が磁気モーメントに寄与することになる.

　マグネタイトはスピネル型の結晶構造をもつ複雑な化合物である．スピネル型構造
においては，鉄イオンは酸素イオンがつくる四面体または八面体の中心に位置してお
り，Fe_3O_4 のうち1個の Fe^{2+} は八面体位置に入り，2個の Fe^{3+} の1個は四面体位置，
残り1個は八面体位置に入る.

　図 5.2 のように，Fe^{2+} は $4\,\mu_B$ の磁気モーメント，Fe^{3+} は $5\,\mu_B$ の磁気モーメントを
もっている．四面体位置と八面体位置の鉄イオンと中間の酸素イオンはほぼ直線上に
並んでおり，これら二つの鉄イオン間には反平行の超交換相互作用が働く．したがっ
て，四面体位置の Fe^{3+}（$5\,\mu_B$）の磁気モーメントが下向きならば，八面体の Fe^{2+}（$4\,\mu_B$）
と Fe^{3+}（$5\,\mu_B$）は上を向く．差し引き Fe_3O_4 1分子あたり，$4\,\mu_B$ の磁気モーメント
をもつことになる．このように原子磁気モーメントが反平行に配列した場合，全体と
して打ち消しあわない部分が残る磁性をフェリ磁性とよぶ．1分子あたりのフェリ磁
性体の磁気モーメントは，フェロ磁性体のものにくらべて弱い.

5.2.3　強磁性の温度変化

　強磁性体の温度を上昇させると，特定の温度で強磁性が失われ，常磁性へ変化する．この温度をキュリー温度T_cとよぶ．T_c以下の温度では，原子磁石が規則的に配列する．

　代表的な強磁性体である鉄，コバルト，ニッケルのキュリー温度T_cは，それぞれ770，1131，358℃である．図5.3に鉄の磁化（I）の温度変化を示す．縦軸は0K（− 273℃）での，磁界が十分に大きなときの磁化をI_0としたときの，それぞれの温度における磁化の割合（I/I_0）を示している．温度上昇とともに磁化が小さくなり，T/T_cが0.7付近の温度から急激に減少する．

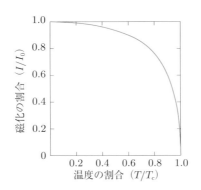

図5.3　鉄の磁化の温度変化

　例題 5.2　　つぎの用語を（　）に入れて，文章を完成させよ．

> A：1　B：4　C：5　D：6　E：Fe^{2+}　F：Fe^{3+}　G：常磁性体　H：キュリー
> I：4s　J：スピネル　K：反平行　L：Fe_2O_3　M：Fe_3O_4　N：バンド

▶**問1**　鉄結晶ではFe原子中の3d電子6個と（　①　）電子2個がいっしょになって，特定のエネルギー幅をもつ（　②　）構造を形成し，7.88個の電子が（　②　）に入り，残り0.12個が自由電子として，電気伝導に寄与する．

▶**問2**　酸化鉄の一種であるヘマタイトの主成分は（　③　）であり，磁性イオンとして（　④　）だけを含んでいる．一方，マグネタイトの主成分は（　⑤　）であり，（　⑥　）と（　④　）からなっている．

▶**問3**　マグネタイトは（　⑦　）型の結晶構造をもち，（　⑥　）と（　④　）の間に酸素イオンを介して，磁気モーメントが（　⑧　）に配列する超交換相互作用が働く．

▶**問4**　Fe^{2+} の 3d 電子数は（　⑨　）個であり，電子スピンモーメントが上向き状態のものが（　⑩　）個，残りの（　⑪　）個が下向き状態に存在する．したがって，差し引き（　⑫　）個の 3d 電子が原子の磁気モーメントに寄与する．

▶**問5**　強磁性体の温度を上げると，特定の温度で強磁性を失い（　⑬　）に変わる．この特定の温度を（　⑭　）温度という．

解答　①**I**：4s　②**N**：バンド　③**L**：Fe_2O_3　④**F**：Fe^{3+}　⑤**M**：Fe_3O_4　⑥**E**：Fe^{2+}　⑦**J**：スピネル　⑧**K**：反平行　⑨**D**：6　⑩**C**：5　⑪**A**：1　⑫**B**：4　⑬**G**：常磁性体　⑭**H**：キュリー

5.3　硬質強磁性と軟質強磁性

　強磁性材料はそれが永久磁石であるか，そうでないかによって硬質強磁性体（ハードマグネット）と軟質強磁性体（ソフトマグネット）に分けられる．純粋な鉄（純鉄）は代表的な軟質磁性体であり，永久磁石ではない．

　純鉄の表面に微細な強磁性粒子を分散した溶液をつけて，顕微鏡で観察すると，磁区とよばれるパターンを観察することができる．代表的な磁区構造の模式図を図 5.4 に示す．磁区は原子磁石の磁気モーメントがそろっている領域である．それぞれの磁区の磁化を合成すると，打ち消しあって外側には磁界があらわれない．これに磁界を印加すると，磁区の磁化方向が磁界方向に変化して，全体の磁化が増加する．

　縦軸に磁束密度 B，横軸に磁界 H を示した磁化曲線は B-H 曲線とよばれている．代表的な軟質強磁性体と硬質強磁性体の B-H 曲線を図 5.5 に示す．前者は H が小

磁区　磁壁　結晶粒界

図 5.4　多結晶硬質磁性体の磁区構造の例．
磁区を含む多角形は結晶粒，その境界が結晶粒界

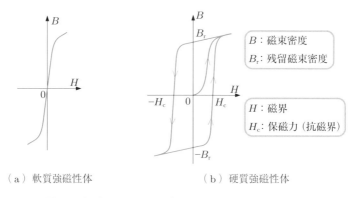

（a）軟質強磁性体　　　　　　　　　（b）硬質強磁性体

図 5.5　軟質強磁性体と硬質強磁性体の B-H 曲線

さな範囲では B と H の関係が直線的であるのに対して，後者は角型の特性を示す．この角型の曲線を履歴曲線とよんでいる．図中の H_c は保磁力，B_r は残留磁束密度である．

　軟質強磁性体 B と H の直線的な関係を $B = \mu H$ で表した場合の比例定数 μ（ミュー）を透磁率とよんでいる．

　磁区と磁区の境界を磁壁という．μ は，外部磁界の変化に応じた磁壁の動きやすさを示す指標である．μ が大きな軟質強磁性体が高周波材料として使用されている．

例題 5.3　　つぎの用語を（　）に入れて，文章を完成させよ．

A：高周波　B：ソフトマグネット　C：ハードマグネット　D：磁区　E：透磁率　F：磁界

▷ **問 1**　強磁性体には，永久磁石になる硬質強磁性体の（　①　）と，永久磁石にならないが，永久磁石に引き寄せられる軟質強磁性体の（　②　）がある．

▷ **問 2**　（　③　）は原子磁石の磁気モーメントがそろった領域であり，（　④　）を印加すると，磁界方向の成分をもつ（　③　）の面積が増加する．

▷ **問 3**　磁界が小さな場合，軟質強磁性体の磁束密度と磁界の関係はほぼ比例の関係にあり，その比例定数 μ を（　⑤　）とよんでいる．μ が大きいほど，（　⑥　）材料として優れている．

解答　①C：ハードマグネット　②B：ソフトマグネット　③D：磁区　④F：磁界　⑤E：透磁率　⑥A：高周波

5.4　磁壁の動きやすさ

　磁区と磁区の境界が磁壁である．軟質強磁性体と硬質強磁性体の違いを磁壁の動きやすさによって説明することができる．

　図5.6に示すように，純鉄に磁界をかけると磁壁が移動し，磁界と同じ向きの磁化成分が多くなる．純鉄の磁化はこのようにして進行する．磁壁が動きやすい強磁性体が軟質強磁性体である．磁壁の動きやすさを妨げるものは何であろうか．それは磁気異方性と，転位や不純物などの材料中の微細な欠陥である．

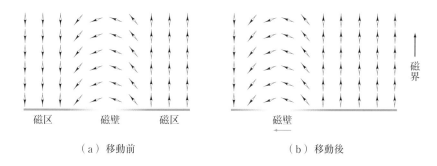

図 5.6　磁壁の移動

　結晶中には規則的な原子の配列を反映した結晶場とよばれる電界が存在する．原子磁気モーメントには，結晶場の影響を受けて特定の方向を向く力が作用する．この性質を結晶磁気異方性とよぶ．

　立方晶のような高い対称性の結晶構造をもつ強磁性体の磁気異方性は小さいが，六方晶のような低い対称性をもつ強磁性体の磁気異方性は大きい．たとえば，鉄とニッケルの結晶構造は立方晶であるので結晶磁気異方性は小さいが，コバルトは六方晶なので異方性は大きい．

　磁気異方性の大きさは3d電子の数にも関係する．一般に，5個の3d電子をもつ原子やイオンの磁気異方性は小さい．Mn^{2+}とFe^{3+}の3d電子は5個である．代表的な軟質磁性材料であるマンガンフェライトはMn^{2+}とFe^{3+}を含んだ立方晶のスピネル型構造の酸化物であるので，結晶磁気異方性は小さく，磁壁が動きやすい．

　材料には転位や格子欠陥のような微小な欠陥が存在するので，これによっても磁壁の移動が妨げられる．また，不純物によっても磁壁の移動が妨げられる．軟質磁性材料を製造するためには，できるだけ欠陥や不純物を少なくする必要があるのに対して，硬質磁性材料は機械加工によって結晶粒子を変形させ，転位の密度を高め，不純物を析出させることによって磁壁の移動を妨げる処理が行われている．さらに，結晶粒や

磁区の形を特定の方向に変形させ，形状磁気異方性の効果を高める工夫が行われている．

例題 5.4 つぎの用語を（　）に入れて，文章を完成させよ．

A：軟質　B：磁気異方性　C：結晶場　D：磁壁

▶ **問 1** 磁区と磁区の境界が（　①　）である．（　①　）が動きやすい強磁性体が（　②　）強磁性体である．

▶ **問 2** 結晶中には原子の配列を反映した（　③　）とよばれる電界が存在する．原子の磁気モーメントは，この（　③　）によって特定の方向に配列する．この性質を結晶（　④　）とよぶ．

解答 ①D：磁壁　②A：軟質　③C：結晶場　④B：磁気異方性

5.5 硬質強磁性材料

硬質強磁性材料とは永久磁石のことである．表 5.1 に代表的な永久磁石材料をまとめた．永久磁石はさまざまな分野で使用されている．代表的なものがモータへの応用である．わが国が使用する電力の約半分がモータによって消費されており，よりエネルギー効率の高いモータの開発が絶え間なく行われている．

ICT（情報通信技術）分野では，機器の小型化に伴い超強力磁石のニーズが高まり，希土類磁石が製造されている．希土類元素は名前のとおり産出量が少ない元素であり，種類によっては銀より価格が高い元素がある．

超強力磁石として最初に実用化されたのは，Sm（サマリウム）と Co（コバルト）の合金であり，ついで Nd（ネオジム）と Fe（鉄），B（ホウ素）を主成分とする Nd 磁石が実用化され，自動車用モータ部材として多量に製造されている．Nd 磁石は耐

表 5.1　代表的な硬質強磁性材料（永久磁石）

成分	残留磁束密度 B_r [T]	保磁力 H_c [kA·m^{-1}]
$BaFe_{12}O_{19}$	0.23	150
64Fe–28Cr–8Co	1.3	47
42Fe–24Co–14Ni–8Al–3Cu–9Ti（アルニコ）	1.3	62
69Mn–30Al–0.3C	0.6	215
Sm_2Co_{17}	1.1	520
$Nd_2Fe_{14}B$	1.2	880

熱性に難点があり，この欠点を克服するためには Nd の約 10％を Dy（ジスプロシウム）で置き換える必要がある．Dy は産出地が中国に偏在しているため，安定的な原料確保が難しい．2010 年代に，わが国の国家プロジェクトとして，耐熱性を保ちながら Dy 添加量を大幅に削減する技術開発が進んだ．電気自動車だけではなく風力発電機部材としても超強力永久磁石の必要性が高まっている．以下では，各種硬質磁性材料について述べる．

5.5.1 Fe–Co 系合金磁石

Fe と Co を主成分とする合金は磁気異方性が大きく，標準的な強力磁石材料として使用されている．この系でもっとも強力な磁石はアルニコ（42Fe–24Co–14Ni–8Al–3Cu–9Ti，数字は百分率を表す）である．

5.5.2 Mn 合金磁石

Mn（マンガン）は反強磁性元素であるが他元素との組合せによって強磁性を示す．Mn に Al 30％，C 0.3％を添加すると強磁性材料になる．Fe–Co 合金にくらべて残留磁束密度は半分程度であるが，価格が低く，保磁力が大きく，密度（比重）が小さいので，家電モータ用磁石として製造されている．

5.5.3 希土類元素磁石

原子番号 57（La；ランタン）～ 71（Lu；ルテチウム）の元素はランタノイドとよばれ，最大 14 個の電子を収納できる七つの 4f 電子軌道をもっている．4f 電子は鉄，コバルト，ニッケルの 3d 電子のように，強磁性の起源になることがある．ランタノイドの中でも，原子番号 60 の Nd（ネオジム）または 62 の Sm（サマリウム）と，3d 電子をもつ元素の金属間化合物が強力な永久磁石になることが発見されたのは，1980 年代であった．Nd と Sm は希少金属資源であり，価格が高いため磁石として実用化が遅れていたが，2010 年代になってネオジム磁石が電気自動車やハイブリッド自動車のモータ部品として多量に生産されている．このような，ランタノイドなどの希土類元素を使ってつくられる永久磁石のことを希土類元素磁石とよぶ．

Sm と Co の金属間化合物 Sm_2Co_{17} は，キュリー温度（T_c）850℃の強力な磁石である．Sm は Nd より産出量が少なく，高価であるが T_c が高いので，エンジン周囲のセンサ部材に使われている．

$Nd_2Fe_{14}B$ は，312℃にキュリー温度をもつもっとも強力な永久磁石である．1983 年，住友特殊金属（株）とアメリカ GM 社によって独立に発見された．

GM 社の製造方法は粉末生産に適しており，プラスチックと混合して成形したボ

ンド磁石が，パソコンのハードディスク駆動装置部品として製造されている．

住友特殊金属（株）の製造方法は溶融凝固した原料を粉砕して焼結するもので，小型強力モータの製造方法として優れており，ハイブリッド自動車や電気自動車モータ用として多量に生産されている．Nd や添加する Dy の価格が高いので，回収とリサイクルが今後の課題である．

5.5.4　フェライト磁石

もっとも多量に使われている安価な永久磁石は，六方晶の結晶構造をもつバリウムフェライトである．酸化バリウム（BaO）と酸化鉄（Fe_2O_3）の割合が分子比率 1：6 の割合になるよう調整した原料粉末を焼結して製造される．事務用品に使われる永久磁石のほとんどはフェライト磁石である．

例題 5.5　つぎの用語を（　）に入れて，文章を完成させよ．

A：金属間化合物　B：ネオジム　C：バリウム　D：コバルト　E：鉄　F：アルミニウム

▶ **問 1**　モータ用としてもっとも多く使用されている強力な磁石は，鉄と（　①　）を主成分とした合金である．この合金にニッケルや（　②　）を加えた合金はアルニコとよばれている．

▶ **問 2**　（　③　）と鉄を主成分とする（　④　）は，もっとも強力な磁石材料である．（　③　）は希土類元素であり，産出量が極めて少ないので価格が高い．

▶ **問 3**　多量に使用されている安価な永久磁石は，（　⑤　）と（　⑥　）を主成分とするフェライト磁石である．

解答　①D：コバルト　②F：アルミニウム　③B：ネオジム　④A：金属間化合物
⑤E：鉄（またはC：バリウム）　⑥C：バリウム（またはE：鉄）

5.6　軟質強磁性材料

表 5.2 に代表的な軟質強磁性材料を示す．

電力用変圧器や継電器用芯材として，ケイ素鋼が多量に生産されている．高周波トランス磁芯や磁気ヘッドには，鉄，シリコン，アルミニウムの合金磁石が使用されている．とくに，センダスト（Sendust）は優れた高周波材料である．センダストは 1937 年に東北大学の増本量らが発見した軟質強磁性体である．仙台（Sendai）と圧粉磁芯（dust core）の英文字を組み合わせて Sendust と名づけられた．

表 5.2 代表的な軟質強磁性材料

材料	成分	最大透磁率	電気抵抗率
ケイ素鋼	97Fe-3Si	30000	0.45 μΩ·m
パーマロイ	22Fe-78Ni	100000	0.16 μΩ·m
アルパーム	84Fe-16Al	55000	1.53 μΩ·m
センダスト	85Fe-9.5Si-5.5Al	120000	0.80 μΩ·m
アモルファス合金	92Fe-5Si-3B	500000	1.30 μΩ·m
フェライト	$(Mn, Zn)Fe_2O_4$	5000	$1 \sim 10 \ \Omega \cdot m$
フェライト	$(Ni, Zn)Fe_2O_4$	3000	$10^3 \sim 10^7 \ \Omega \cdot m$

継電器や磁気ヘッドは，軟質強磁性材料の磁芯にコイルを巻いた構造をもっている．コイルに高周波電流を流すと磁芯の表面に電流が流れて損失の原因となる．この損失を少なくするためには，電気抵抗の高い磁芯材料を使う必要がある．酸化物フェライトは合金にくらべて電気抵抗が高く，高周波損失が小さいので，高周波トランス材料として使用されている．

5.6.1 ケイ素鋼

鉄にシリコンを添加すると透磁率が増加し，保磁力が減少するばかりでなく，圧延性が向上し，打ち抜き加工が容易になる．この薄板を重ねたものをケイ素鋼といい，電力用トランスの磁芯として大量に生産されている．鉄に 3%のシリコンを加えて圧延した方向性ケイ素鋼は，μ_m（最大透磁率）40000，H_c が 10A·m^{-1} である．しかし，この素材は電気抵抗が小さいため，周波数の高い領域では使用することができない．

5.6.2 アルパーム

鉄にアルミニウムを添加すると電気抵抗が飛躍的に増加するので，高周波電気特性が向上する．その上，加工性がよくなるので高周波トランスの磁芯に使用されている．この合金はアルパームとよばれている．

5.6.3 センダストとスーパーセンダスト

硬くて耐磨耗性が優れたセンダストは，磁気ヘッド材料としてもっとも優れたものである．センダストは 1937 年に発見されたにもかかわらず，現在でもバルク材料の中でもっとも高い透磁率をもっており，いかに大きな発見であったかがわかる．センダストにわずかに Ni を添加したものがスーパーセンダストである．センダストに Ni を添加すると透磁率は減少するが，電気抵抗が増加するので高周波特性が向上する．

5.6.4　アモルファス合金

　鉄にホウ素，炭素，硫黄，シリコンのような原子半径が小さな元素を混合し，1400℃以上の高温で溶かし，溶融体を 1 秒間 100 万℃の割合で超高速冷却させると，原子配列が不規則なアモルファス合金（amorphous alloy）ができる．この合金は非晶質合金，または原子配列がガラスに似ているのでメタルガラス（metal glass）ともよばれることもある．この合金は 1970 年代に東北大学金属材料研究所で発明され，ケイ素鋼板にくらべて透磁率が 10 倍以上，電気抵抗が約 3 倍であり，変圧器の磁芯材料として極めて優れた特性をもっている．しかし，薄い帯体しか製造することができない上，帯体は硬く脆いため実用化が遅れていた．発明から 40 年以上にわたる大学と企業研究者の努力の結果，量産化と変圧器への加工技術が確立した．アモルファス合金製変圧器は，価格が高いことが難点ではあるが，ケイ素鋼板製にくらべて電力損失が小さいので，地球温暖化対策上注目されている．

　アモルファス合金は耐熱特性に弱点があり，温度上昇を伴うモータ部材への応用が困難であった．2015 年，東北大学金属材料研究所では，上記の合金に銅を添加して製造したアモルファス合金の再熱処理により，鉄の微細結晶を析出させることによって，耐熱性を高めることを見出し，モータ用部材応用への期待が高まっている．

　アモルファス合金の製造工程を図 5.7 に示す．るつぼに原料を充填して，外側のコイルに高周波電流を流し，誘導加熱を行う．溶融した原料を上から圧縮アルゴンガスで押しつけると，溶融体はるつぼの下の孔から吹き出す．るつぼの下では銅製のローラが高速回転しており，その上に吹きつけられた溶融体は広がりながらローラに熱を奪われて急速に固化する．1400℃の溶融体が1000℃に冷却される時間は約 1 ms（1000

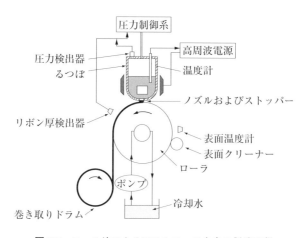

図 5.7　ロール法によるアモルファス合金の製造工程

分の1秒間）以下であり，1秒間に換算すると，毎秒40万℃以上の冷却速度に相当する．

5.6.5　酸化物軟質強磁性材料

表5.2からわかるように，実用化されている軟質強磁性合金の電気抵抗は0.1〜2 μΩ·mと小さいので，高周波トランスに使用した場合の損失は大きい．この損失を小さくするために，電気抵抗の高い酸化物軟質強磁性材料が開発された．

1932年，東京工業大学の加藤与五郎と武井武はスピネル型構造をもつ酸化物軟質強磁性体を発見した。この物質はFe^{3+}を含むフェライトの一種であり，電気抵抗が高く，高周波損失が小さいため，高周波材料として都合がよい．

高周波用として使用されているフェライトの主流は，亜鉛を含む$(Mn,Zn)Fe_2O_4$（マンガンフェライト）である．ここで(Mn,Zn)と記載したのは，MnとZnを合わせて1 molを意味している．

近年GHz（ギガヘルツ）級の高周波領域で使用できるフェライトの需要が高まっており，スピネル型のニッケルフェライトが注目されている．超高周波領域においては，磁壁の動きやすさではなくスピンの回転しやすさが重要な点であり，この点において，ニッケルフェライトは優れた軟質強磁性体である．

例題 5.6　つぎの用語を（　）に入れて，文章を完成させよ．

> **A**：電気抵抗　**B**：圧延　**C**：磁芯　**D**：ホウ素　**E**：損失　**F**：シリコン　**G**：アモルファス　**H**：小さな

▶ **問1**　トランスのコイルに高周波電流を流すと，（ ① ）の表面に電流が流れて（ ② ）の原因になる．この（ ② ）を小さくするために，（ ③ ）の高い軟質強磁性の（ ① ）が使用されている．

▶ **問2**　電力用トランス材料として鉄に（ ④ ）を加えて，一方向に（ ⑤ ）した鋼板が多量に製造されている．

▶ **問3**　鉄に（ ⑥ ）や炭素のような原子半径の（ ⑦ ）元素を添加して，溶融体を超急速冷却すると，透磁率の高い（ ⑧ ）合金が得られる．

解答　① **C**：磁芯　② **E**：損失　③ **A**：電気抵抗　④ **F**：シリコン　⑤ **B**：圧延　⑥ **D**：ホウ素　⑦ **H**：小さな　⑧ **G**：アモルファス

5.7　磁歪材料

　磁界をかけると，程度の差こそあれ強磁性材料は伸縮する．この現象を磁歪とよんでいる．反対に，強磁性材料に応力を与えて歪ませると磁化の大きさが変化する．

　希土類元素を含む磁性体が大きな磁歪を示すことが発見されて以来，磁歪によって物体を微小移動させるアクチュエータへの応用研究が進んでいる．表 5.3 に示すような磁歪材料に十分に高い磁界をかけたときの歪みの割合を磁気歪み定数とよび，この値が 10^{-3} 以上のものを超磁歪材料とよぶ．

表 5.3　代表的な磁歪材料

材料	磁気歪み定数 $\times 10^{-6}$
Ni	-40
Fe−Co−Si−B（アモルファス）	$30 \sim 35$
$NiFe_2O_4$	-27
Fe_3O_4	60
$TbFe_2$	1750
$SmFe_2$	-1560
$(Tb,Dy)Fe_2$	2500

　磁歪材料をトルクセンサとして利用する研究も行われている．棒状の強磁性体の周囲にコイルをおいて，交流磁界を磁性体に与えて，その磁束密度の変化より棒のねじれを計測することができる．このことによって，回転する棒材にかかるトルクを無接触で検出することができる．

例題 5.7　　つぎの用語を（　）に入れて，文章を完成させよ．

A：応力　　B：超磁歪　　C：磁歪　　D：磁化

　強磁性体に磁界を印加すると伸縮する．この現象を（　①　）とよぶ．反対に強磁性体に（　②　）を与えて歪ませると（　③　）の大きさが変化する．十分に高い磁界を印加したときの歪みが元の長さの 1000 分の 1 以上の強磁性体を（　④　）材料とよぶ．

解答　①C：磁歪　②A：応力　③D：磁化　④B：超磁歪

─── **演習問題** ───

問題 5.1〜5.2 節　つぎの用語を（　①　）〜（　⑪　）に入れて，文章を完成させよ．

> A：磁気モーメント　B：5　C：フェリ　D：ゼロ　E：磁気双極子　F：スピン磁気モーメント　G：Fe_3O_4　H：常磁性体　I：4　J：磁気スピン　K：6

▶ **問1**　物質をつくっているほとんどの原子は微小な永久磁石であるとみなしてよい．この原子磁石を永久（　①　）とよぶ．（　①　）は強さと方向によって表される（　②　）として表示される．

▶ **問2**　1個の電子の自転による（　③　）は $1\,\mu_B$ である．一つの電子軌道には上向きの（　④　）と下向きの（　④　）をもった2個の電子が入ることができる．

▶ **問3**　大きさの異なる原子の（　②　）が反平行に配列すると，打ち消すことができない（　②　）が外部に強磁性としてあらわれる．この型の強磁性を（　⑤　）磁性とよんでいる．

▶ **問4**　Fe^{2+} の 3d 電子の数は（　⑥　）個であり，Fe^{3+} では（　⑦　）個である．

▶ **問5**　マグネタイト（　⑧　）は反対向きの（　②　）をもつ Fe^{2+} と Fe^{3+} で構成された（　⑤　）磁性体であり，1分子あたりの磁気モーメントは（　⑨　）μ_B である．

▶ **問6**　強磁性体の温度を上昇させると特定の温度で強磁性を失い，（　⑩　）に変化する．この状態では原子の（　②　）はバラバラの方向に分布しており，その結果，合計の磁気モーメントは（　⑪　）になる．

問題 5.3〜5.4 節　つぎの用語を（　①　）〜（　⑬　）に入れて，文章を完成させよ．

> A：直線的　B：鉄　C：軟質強磁性体　D：履歴　E：コバルト　F：不純物　G：磁区　H：外部磁界　I：磁気異方性　J：立方晶　K：磁壁　L：角型　M：$B–H$

▶ **問7**　純鉄は代表的な（　①　）であり，微細な強磁性粒子溶液を鉄の表面につけて顕微鏡で観察すると，（　②　）とよばれるパターンを観察することができる．

▶ **問8**　縦軸に磁束密度，横軸に磁界をプロットした曲線が（　③　）曲線である．軟質強磁性体のこの曲線は（　④　）であり，硬質強磁性体のこの曲線は（　⑤　）を示す．この（　⑤　）曲線をとくに（　⑥　）曲線とよんでいる．

▶ **問9**　軟質強磁性体の μ が大きいということは，（　⑦　）の変化に応じて（　⑧　）が容易に移動することを意味している．

▶ **問10**　（　⑧　）の動きやすさを妨げるものが，（　⑨　）や材料中に析出している（　⑩　）である．

▶ **問11**　（　⑪　）やニッケルの結晶構造は（　⑫　）であり，これらの物質の（　⑨　）は，六方晶の構造をもつ（　⑬　）より小さい．

問題 5.5〜5.7 節　つぎの用語を（ ① ）〜（ ⑰ ）に入れて，文章を完成させよ．

> A：ネオジム　B：トランス　C：ケイ素　D：マンガン　E：磁歪　F：センダスト　G：酸化バリウム　H：ホウ素　I：超磁歪　J：焼結　K：家電モータ　L：リサイクル　M：アルミニウム　N：フェライト　O：電気抵抗　P：酸化鉄　Q：損失

▶ **問12**　反強磁性元素である（ ① ）とアルミニウムを主成分とする合金は価格が安く，密度が低いので（ ② ）用磁石として量産されている．

▶ **問13**　（ ③ ）と鉄，（ ④ ）の合金は強力な磁石材料であり，電気自動車やハイブリッド自動車のモータ部材として使用されている．（ ③ ）は希土類元素であり，価格が高いので（ ⑤ ）が今後の課題である．

▶ **問14**　もっとも多く生産されている酸化物永久磁石は（ ⑥ ）と（ ⑦ ）の粉末を1:6の割合で混合して，（ ⑧ ）して製造される．

▶ **問15**　酸化物フェライトは合金にくらべて（ ⑨ ）が高く，高周波（ ⑩ ）が小さいので，高周波（ ⑪ ）材料として優れている．

▶ **問16**　もっとも透磁率が高い磁気ヘッド用軟質強磁性体は鉄と（ ⑫ ），（ ⑬ ）の合金であり，仙台の東北大学で発見されたことから（ ⑭ ）と名づけられた．

▶ **問17**　鉄の3価イオンを含む酸化物が（ ⑮ ）であり，高周波トランスの磁芯材料として使用されている．もっとも代表的な高周波用（ ⑮ ）は，（ ① ）と亜鉛を含む鉄の酸化物である．

▶ **問18**　（ ⑯ ）材料に十分に高い磁界を印加したときの歪みが0.1％以上のものが（ ⑰ ）材料である．

第6章
磁気記録材料

　数十年にもわたって音声や映像，データの記録は磁気テープと磁気ディスクによって行われてきた．近年のコンピュータや通信技術の急速な進歩に伴い，小型で大容量の情報記録媒体が必要となり，磁気記録媒体も急速に進歩を遂げつつある．

　情報を0と1のディジタル信号に変換して，円盤上に微小なパターンとして記録する光学式記録媒体，シリコン半導体記録媒体が急速な進歩を遂げており，用途によって光ディスク，半導体チップ，磁気テープとのすみ分けが進んでいる．

　ディジタル化された文字，記号，音声，映像などの情報は膨大な数の0と1の組合せとして取り扱われるので，これらの高密度記録と迅速な読み取りができる記録媒体が必要である．本章では，日進月歩の進歩を続ける磁気記録媒体について述べる．

6.1　磁気記録

6.1.1　磁気録音機

　19世紀末，鋼線を移動させながら局所的に磁界を印加すると，印加した磁界の強さに応じて鋼線の磁化の強さが変化する現象が知られており，デンマークのV. ポールセン（Valdemar Poulsen）はこの現象を利用した録音機のアメリカ特許を1898年に取得した．彼は1900年のパリ万博に世界最初の磁気録音機を出展し，オーストリア皇帝の声を録音したとの記録が残っている．このように，磁気を利用した音声記録は120年以上の歴史を有する古典的な記録方法である．

　ポールセンの磁気録音機の構造を図6.1に示す．円筒の表面にらせん状の浅い溝を加工し，この溝に沿って，鋼線を巻きつける．この鋼線を2個のJ字形軟鉄の先端で挟み込み，磁気ヘッド支持台に固定する．支持台は，円筒の回転に応じて鋼線を挟み込んだ軟鉄が移動するネジ棒に取りつけられている．軟鉄にはコイルが巻かれており，録音したい音声を電流に変換してコイルに流すと，鋼線の磁化の変化として記録される．J字形軟鉄とコイルからなる素子を磁気ヘッドとよんでいる．記録の再生も同じヘッドを鋼線上を移動させて行う．回路には鋼線の磁化に応じた電流が流れ，これをスピーカーにつなぐと音声が聞こえる．

　当時はこの現象が強磁性体中の磁区の存在と関係があることはまったく知られていなかった．磁区は原子の磁気モーメント（原子磁石）の方向がそろった領域である．

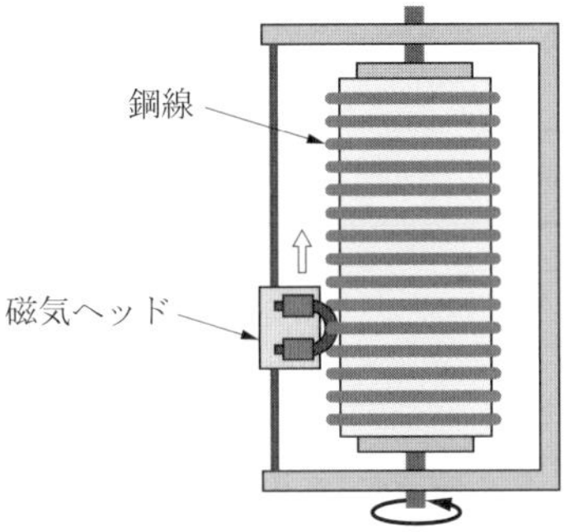

図 6.1　鋼線式磁気録音機

磁区の存在が理論的に予測されたのは 1907 年であり，それが実験的に明らかにされたのは 40 年後の 1947 年であった．この間，磁気録音機はほとんど普及することはなく，音声の記録は円盤に溝を刻んだレコードが主役であった．

　磁区と磁区の境界が磁壁である．強磁性体の表面では，磁壁から磁束が漏れ出しているので，磁気ヘッドを移動させると，磁束の強さに応じた電流が流れる．強磁性体に磁界を印加すると，磁壁が移動して磁区のパターンが変化する．この現象を利用した本格的な磁気録音機が登場したのは，針状の強磁性粒子をプラスチック上に塗布した磁気テープが登場した 1950 年以降である．音声の磁気記録と読み取りは，酸化物強磁性体を材料としたフェライトヘッドを使用したテープレコーダーが主役になっていった．

6.1.2　反磁界と形状磁気異方性

　図 6.2（a）に示すような細長い楕円体（棒状磁石）の強磁性体の中では，原子磁石は水平方向に配列する．左側が S 極，右側が N 極の原子磁石が水平に連続して配列する場合，磁束は原子磁石の配列に沿って，棒状磁石内部を左から右へと分布し，右端を突き抜け，磁界が円弧を描いて棒状磁石の左側から進入する．磁束の一部は棒状磁石の壁から漏れ出して，図に示すような円弧を描く．

　原子磁石は，S 極と隣接する原子磁石の N 極が引き寄せられ，S–N がくり返し連続的に配列するので，磁石内部では打ち消しあって，両端に S 極と N 極があらわれる．図（b）に示すように，棒状磁石の内部には，表面の N 極から S 極に向かって反磁界とよばれる磁界が発生する．反磁界の方向は，内部の磁束の方向と反対方向であり，内部磁界は反磁界によって弱められる．反磁界の強さは，両端の距離が大きくなるほど弱くなる．

　図 6.3（a）に細長い円柱，図（b）に薄い円盤の強磁性体の表面にあらわれる磁極

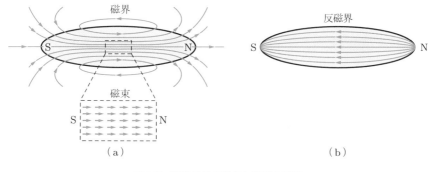

図 6.2 強磁性体の磁化と内部の磁界

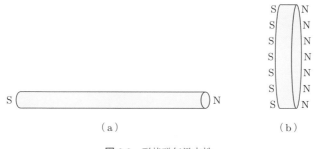

図 6.3 形状磁気異方性

の分布を示す．円盤にくらべて，細長い円柱状のものほど反磁界の影響が小さく，円柱の軸方向に磁化しやすい．磁化方向が形状に依存する特性を形状磁気異方性とよぶ．

例題 6.1 つぎの用語を（　）に入れて，文章を完成させよ．

A：磁区　B：磁壁　C：長軸　D：棒状　E：記録　F：磁化　G：磁束　H：磁気ヘッド　I：磁気テープ　J：配列　K：異方性　L：大きい　M：反磁界　N：鋼線　O：針状

▶ **問 1** 最初の磁気録音機は，音声を（　①　）の磁化の変化として（　②　）したものである．

▶ **問 2** 強磁性体の表面では，（　③　）から（　④　）が漏れ出しているので，強磁性体の表面に沿って（　⑤　）を移動させると，（　④　）の強さに応じた電流が流れ，（　⑤　）に電流を流すと（　⑥　）のパターンが変化する．（　⑦　）の強磁性粒子を塗布した（　⑧　）の登場によって，本格的な磁気録音機が普及した．

▷ **問3** （ ⑨ ）の強磁性体の中では，原子磁石が（ ⑩ ）方向に（ ⑪ ）する傾向がある．両端にN極とS極があらわれ，内部の（ ④ ）を打ち消す反対向きの（ ⑫ ）が発生する．直径にくらべて長さの割合が（ ⑬ ）ほど（ ⑫ ）の影響が小さいので，（ ⑩ ）方向に（ ⑭ ）しやすくなる．この性質を形状磁気（ ⑮ ）とよぶ．

解答 ①N：鋼線 ②E：記録 ③B：磁壁 ④G：磁束 ⑤H：磁気ヘッド ⑥A：磁区 ⑦O：針状 ⑧I：磁気テープ ⑨D：棒状 ⑩C：長軸 ⑪J：配列 ⑫M：反磁界 ⑬L：大きい ⑭F：磁化 ⑮K：異方性

6.2 磁気テープ記録材料

6.2.2 磁気テープ

針状強磁性粒子は大きな形状磁気異方性をもっており，長軸方向に磁化する性質をもっている．針状粒子を一定方向に塗布した磁気テープには粒子の長軸方向に沿って磁区が形成され，外部磁界によって磁区の磁化方向を反転させることができる．磁気テープの磁区の変化を利用して信号を書き込む方法を水平磁気記録法とよんでいる．

オーディオやビデオの磁気テープは1950年代から使用されてきた代表的な記録媒体である．

磁気テープに使用されている代表的な針状強磁性粒子は，γ-Fe_2O_3（maghemite, γ-Fe_2O_3 マグヘマイト）とよばれる酸化鉄である．この物質は磁鉄鉱（magnetite, マグネタイト）と同じスピネル型結晶構造をもっている．

マグネタイトの化学式はFe_3O_4であり，1分子中にFe^{2+}1個とFe^{3+}2個を含んでいる．Fe^{3+}2個の磁気モーメントが反対方向に配列して，打ち消しあい，Fe^{2+}がもつ$4\mu_B$が1分子あたりの磁気モーメントとして外部にあらわれることは5.2節で述べた．

一方，マグヘマイトもマグネタイトと同じスピネル型結晶構造をもっているが，すべての鉄はFe^{3+}として存在している．

スピネル型構造には，陽イオンと陰イオンが3：4の割合で入る格子が存在しているが，マグヘマイト中のイオンの割合は，2：3であり，1分子あたり陽イオン1/3個分の空孔が存在することになる．空孔は格子に原子やイオンが存在しない，空席であると考えてよい．

スピネル型結晶構造では，2個のFe^{3+}の磁気モーメントが打ち消しあうので，マグヘマイト1分子あたりFe^{3+}2/3個分の磁気モーメントが残る．Fe^{3+}の1分子あた

りの磁気モーメントは $5\,\mu_B$ なので，マグヘマイトは1分子あたり，$5 \times 2/3 = (3 + 1/3)\,\mu_B$ の大きさの磁気モーメントをもつ強磁性体である．

　マグヘマイトを空気中で加熱すると，安定なヘマタイトに変化する．このような不安定なマグヘマイトを磁気記録材料として使用するのは，針状粒子の合成ができるからである．

　図6.4に針状マグヘマイト粉末の合成プロセスを示す．まず，針状の水酸化鉄粉末を合成し，ついでこの粉末を各種の雰囲気の中で熱処理することによって，針状形状を維持したままヘマタイトとマグネタイトを経て，マグヘマイト粉末を合成することができる．

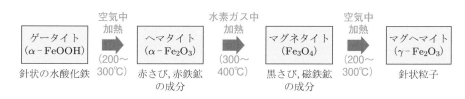

図6.4　針状マグヘマイト粉末の合成

6.2.2　磁気ヘッド

　磁気テープへの信号の書き込みと読み取りには，磁気ヘッドを使用する．磁気ヘッドは図6.5に示すように，リング状の軟質強磁性体の一部分に隙間（ギャップ）をつけ，リングにコイルを巻いた構造をもっている．コイルに入力信号の電流を流すと，リングの中に磁束が発生する．この磁束はギャップを飛び越えてリング状につながっており，ギャップの部分で減衰する．ギャップが狭いほど減衰は少ない．ギャップから外側に磁束が漏れ出しているので，この部分に磁気テープを接触させると磁区のパターンが変化する．この現象を利用して信号の書き込みを行う．記録密度を高めるためにはギャップをできるだけ狭くすることが有効である．

　読み取りは書き込みの逆の操作によって行う．磁気ヘッドのギャップ近くにテープ

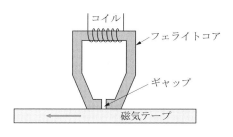

図6.5　テープ用磁気ヘッド

やディスクを近づけて走査させると，磁区境界からの漏れる磁束によって，コイルに電流が流れる．この電流強弱によって記録信号の読み取りを行う．

　初期の磁気ヘッドには，スピネル型構造をもち，化学式 (Mn,Zn)Fe$_2$O$_4$ のマンガン・亜鉛フェライトとよばれる酸化物軟質強磁性体が使用された．磁気ヘッドはテープが接触して移動するため，磨耗することが難点である．当初は単結晶が使用されたが，コストが高いことと磨耗しやすいことから，フェライト微粒子粉末を加圧しながら加熱して焼結するホットプレスによって，硬い焼結体が製造された．リング状焼結体に機械加工によって数 μm 幅のギャップをつくることは困難であるので，ロの字形のチップを二つに切断し，片側をわずかに研磨して，薄いガラスを挟んでロの字形に戻し，貼り合わせる方法によって，フェライト磁気ヘッドの製造が行われた．

　磁気記録密度を高めるために磁気ヘッドの超小型化が進むとともに，合金磁石センダストが使われるようになり，ついには蒸着法によって製造された薄膜の磁気ヘッドが主流になった．

　現在では使用されなくなったが，表面にマグヘマイト粒子が塗布された FD（floppy disk；フロッピーディスク）とよばれるプラスチック円盤がパソコンの磁気記録媒体として使用された時代があった．記録の書き込み，読み取りに磁気ヘッドが使用された．フロッピー（floppy）とは，柔らかくしなやかな状態を指す用語である．

　HDD や CD，DVD の普及によって磁気テープや FD の需要は急激に減少したが，磁気テープは記録データあたりの単価が低く，温度，湿度，環境の磁気変動等に対して比較的安定であることから，近年，ビッグデータの利用拡大に伴い，データ保存用媒体として大容量磁気テープの生産が増加している．この目的には，バリウムフェライト微粒子を使用した垂直磁気記録法が使われている．垂直磁気記録法については6.3節で述べる．

例題 6.2　つぎの用語を（　）に入れて，文章を完成させよ．

A：軟質強磁性　B：針状　C：マグヘマイト　D：大容量　E：ヘッド　F：バリウム　G：湿度　H：熱処理　I：酸化鉄　J：安定　K：データ　L：ギャップ　M：コイル

▶**問1**　磁気テープに使用されている代表的な（　①　）強磁性粒子は，（　②　）とよばれる（　③　）である．（　①　）の水酸化鉄粉末を（　④　）することによって，（　①　）形状を維持したまま（　②　）粉末を合成することができる．

▶ **問2**　初期の磁気テープへの信号の書き込みと読み取りは, 磁気 (⑤) が使用された. 磁気 (⑤) はリング状の (⑥) フェライトの一部分に (⑦) をつけ, リングに (⑧) を巻いた構造をもっている.

▶ **問3**　近年, 磁気テープの需要は急激に減少したが, 記録 (⑨) あたりの単価が低く, 温度, (⑩), 環境の磁気的変動に対して比較的 (⑪) であることから, (⑨) 保存用媒体として (⑫) フェライト微粒子を使用した (⑬) 磁気テープの需要が増加している.

解答　①B：針状　②C：マグヘマイト　③I：酸化鉄　④H：熱処理　⑤E：ヘッド　⑥A：軟質強磁性　⑦L：ギャップ　⑧M：コイル　⑨K：データ　⑩G：湿度　⑪J：安定　⑫F：バリウム　⑬D：大容量

6.3　ハードディスク記録材料

6.3.1　ハードディスク駆動装置

HDD（hard disk drive；ハードディスク駆動装置）とよばれる磁気記録媒体の基材として, 高速で回転するガラスやアルミニウムのような硬質円盤が使われている. その円盤には Co と Cr を主成分とする強磁性合金を蒸着する. 信号は磁区の磁化方向として記録され, 磁壁から漏れ出す磁束を磁気ヘッドで電気信号に変換して再生する.

反対方向に磁化した2個の磁区の境界では磁束が漏れ出す. 一方, 同じ方向に磁化した磁区の境界では磁束の漏れ出しはない. 磁束の漏れ出しの有無を, 信号1と0として, ディジタル信号として記録する. 磁気記録の高密度化に伴い, 蒸着によって製造した超小型磁気ヘッドが使用されている.

ハードディスクの記録密度は, 1インチ（25.4 mm）平方あたり 100 GB の記録が可能になった. ハードディスクの記録密度の限界は磁区の微細化の限界に対応するものである. 従来のハードディスクでは, ディスク表面の磁区長さを磁性体層の厚みより小さくすることができなかったために, 水平磁化の方法においてはこれ以上の磁区の微細化は困難であった.

磁気記録密度を高めるためには, 面に沿って磁化させる水平磁化では限界があるので, 表面に垂直に磁化させる垂直磁気記録法が, 1975年に東北大学岩崎俊一によって提唱された. 図6.6に水平磁化と垂直磁化の概念を示す. 最初の垂直磁気記録は, バリウムフェライト粒子を塗布した磁気記録テープで実用化された.

バリウムフェライトは六方晶の結晶構造をもち, Fe^{3+} の磁気モーメントは六方軸

（a）水平磁化 　　　　　　　　　　　　（b）垂直磁化

図 6.6 水平磁化と垂直磁化（↑は磁区の磁化方向を示している）

方向に強い結晶磁気異方性をもつ物質である。六角板状のバリウムフェライト粉末を合成することができるので，この粉末をテープに塗布すると，板状粒子がテープ面と平行に配列する。バリウムフェライトを使用した垂直磁気記録テープは，温度や湿度変化による記録状態が安定していることから，大容量データの長期保存テープとして見直されている。

6.3.2　磁気信号の読み取り

　磁性体に磁界を印加すると電気抵抗が変化する現象が磁気抵抗効果である。これは強磁性体共通の性質である。読み取り用磁気センサとして利用されている材料は Ni-Fe 系の軟質強磁性合金である。薄膜センサに一定の電界を印加して流れる電流の変化を計測することによって，微弱な磁界の変化を検出することができる。

　この原理を利用してハードディスクに記録した磁気信号の読み取りが行われている。このセンサは，従来の磁気ヘッドにくらべてはるかに小型化ができ，コイルを使用しないので応答速度が速いという利点があるため，ハードディスクからの読み取りセンサの主流になった。このセンサを搭載した磁気信号記録読み取り素子は，磁気抵抗（MR；magnetic resistance）ヘッドとよばれている。

　MR ヘッドの Ni-Fe 薄膜上に非磁性体である Cu を蒸着し，その上にさらに Ni-Fe を蒸着した多層膜は，単層膜にくらべて数倍の磁気抵抗効果を示すことが発見され，この現象を利用した巨大磁気抵抗（GMR；giant magnetic resistance）ヘッドが開発された。

　金属の間に極めて薄い電気絶縁体層を入れて電界を印加した場合，低い電界では電流が流れないが，特定の電界で電流が流れる現象をトンネル効果とよんでいる。絶縁体層をサンドイッチした強磁性金属薄膜層の電気抵抗が，外部の磁界によって急激に変化することが発見され，この現象を利用した読み取りトンネル磁気抵抗（TMR；tunneling magnetoresistive）ヘッドが開発された。

　信号書き込みヘッドは薄膜トランス方式のまま変化はなかったが，読み取りヘッドは MR から GMR，さらに TMR へと劇的な進化を遂げて，TB（テラバイト，1 T は 1 兆）級の容量をもった HDD が生産されている。書き込みと読み取りのヘッドは

一体化されて，一本の腕に組みつけられている．HDD のヘッド部を図 6.7 に示す．

　HDD は大容量のデータ記録ができるので，パソコンやビデオ装置の画像記録装置として使用されている．図 6.8 に HDD にパソコンヘッドを取りつけたアームを示す．

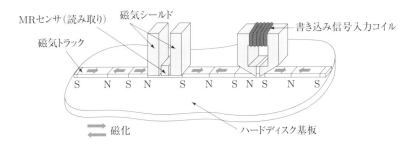

図 6.7　磁気抵抗を利用した磁気記録ヘッドとコイルを利用した書き込みヘッドの概念図

図 6.8　ハードディスク駆動装置（HDD）のヘッド部．腕状のアーム先端にはヘッドが取りつけられている

例題 6.3　つぎの用語を（　）に入れて，文章を完成させよ．

A：Co　B：水平　C：垂直　D：トンネル　E：ガラス　F：絶縁体　G：硬質円盤　H：強磁性　I：磁気抵抗　J：巨大磁気抵抗　K：密度

▶**問 1**　HDD の磁気記録基板として，（　①　）のような（　②　）が使われている．円盤には（　③　）を主成分とする（　④　）合金が蒸着されている．

▶**問 2**　磁気記録（　⑤　）を高めるために，面に沿って磁化させる（　⑥　）磁気記録方式では限界があるので，表面に（　⑦　）に磁化させる（　⑦　）磁気記録方式が主流になりつつある．

▶**問3**　（　④　）体に磁界を印加すると電気抵抗が変化する現象が（　⑧　）効果である．HDDの記録読み取り用磁気センサとして，（　⑧　）効果を利用したMRヘッドが開発された．ついで，強磁性金属薄膜層の間に非磁性体であるCuの層を入れた多層膜は，単層膜にくらべて大きな（　⑧　）効果を示すことを利用した（　⑨　）ヘッドが開発された．さらに，非磁性体の代わりに（　⑩　）層を入れた（　⑪　）磁気抵抗ヘッドが使用されている．

解答　①**E**：ガラス　②**G**：硬質円盤　③**A**：Co　④**H**：強磁性　⑤**K**：密度　⑥**B**：水平　⑦**C**：垂直　⑧**I**：磁気抵抗　⑨**J**：巨大磁気抵抗　⑩**F**：絶縁体　⑪**D**：トンネル

6.4　光磁気記録

　縦 92 mm，横 90 mm，厚さ 5 mm のプラスチック容器に，円盤が入ったパソコン用大容量記録媒体が，光磁気（MO；magneto-optical）ディスクである．外部からのノイズに強く，CD や DVD にくらべて小型なので，パソコンデータ保存バックアップ用として利用されてきた．

　しかし，最近では放送局や音楽関係のプロに使われる程度で，一般にはほとんど見られないようになっている．

　水平磁気記録から垂直磁気記録方式に変わり，HDD の記録容量は大幅に増加しているが，限界に近づいており，再度 MO 方式が見直される時代がやってくる可能性を考慮し，この方式について説明する．

　MO では，ポリカーボネート基板上に Tb-Fe または Gd-Fe 合金が蒸着されている．Tb（テルビウム）と Gd（ガドリニウム）は希土類元素である．蒸着されたこれらの合金は非晶質である．基板と垂直に磁界を印加しながらキュリー温度以上に加熱して，室温に冷却すると垂直磁化状態が実現する．

　垂直磁化した磁性膜に，反対方向の磁界を印加した状態で，パルス状の微小レーザ光を合金膜に照射する．照射された微小部分の温度が，キュリー温度（130～230℃）以上に上昇すると磁化が失われる．その後，加熱された微小部分は，熱伝導によって短時間のうちにキュリー温度以下に冷却する．キュリー温度以下に冷却する過程で，この部分の磁化の方向が反転する．

　図 6.9 に示すように，MO ディスクからの信号読み取りは，偏光の反射を利用して行う．偏光フィルタを通過させた弱いレーザ光を合金膜に照射すると，磁区の境界（磁壁）から漏れ出した磁界によって，レーザ光の偏光面が回転する．磁界によって偏光

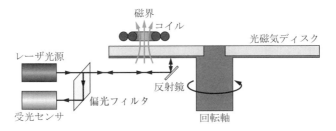

図 6.9　光磁気ディスク装置

面が回転する現象がカー効果である．信号を書き込んだ合金薄膜からの漏れ出し磁界
による反射偏光面の回転（0.2 ～ 0.3 度）を検出して，信号の読み取りを行う．

　Tb や Gd のような希土類元素の酸化を防止するために，合金膜面には透明な窒化
ケイ素膜がコーティングされている．この物質は誘電体であるために，カー効果が増
幅され，偏光面はさらに 2 倍以上回転する．偏光面の回転によるアナログ信号を 0
と 1 のディジタル信号に変換して，データ処理を行う．

例題 6.4　つぎの用語を （　）に入れて，文章を完成させよ．

> **A**：レーザ光　**B**：磁界　**C**：温度　**D**：反転　**E**：垂直

　MO ディスクは，希土類元素強磁性体を蒸着した円盤に（　①　）を（　②　）に
印加しながら，パルス状の微小（　③　）を照射すると局所的に（　④　）が上昇し，
冷却の過程で磁化の方向が（　⑤　）する現象を利用した光磁気記録媒体である．

解答　①**B**：磁界　②**E**：垂直　③**A**：レーザ光　④**C**：温度　⑤**D**：反転

演習問題

問題 6.1～6.2 節　つぎの用語を（　①　）～（　⑪　）に入れて，文章を完成させよ．

> **A**：磁区　**B**：磁束　**C**：バリウム　**D**：ギャップ　**E**：形状磁気異方性　**F**：コイル　**G**：
> 反磁界　**H**：磁気ヘッド　**I**：棒状　**J**：安定　**K**：長軸

▶**問 1**　強磁性体の表面では，磁壁から（　①　）が漏れ出しているので，強磁性体の表面に
沿って（　②　）を移動させると，（　①　）の強さに応じた電流が流れ，（　②　）に電流を
流すと（　③　）のパターンが変化する．

▶**問2** （ ④ ）の磁石の中では，原子磁石が（ ⑤ ）方向に配列する傾向がある．両端に N極とS極があらわれ，内部の（ ① ）を打ち消す反対向きの（ ⑥ ）が発生する．直径にくらべて長さの割合が大きいほど（ ⑥ ）の影響が小さいので，（ ⑤ ）方向に磁化しやすくなる．この性質を（ ⑦ ）とよぶ．

▶**問3** 初期の磁気テープへの信号の書き込みと読み取りは，（ ② ）が使用された．（ ② ）はリング状の軟質強磁性体の一部分に（ ⑧ ）をつけ，リングに（ ⑨ ）を巻いた構造をもっている．

▶**問4** 近年，一般の磁気テープの需要はほとんどなくなったが，記録データあたりの単価が低く，温度，湿度，環境の磁気的変動に比較的（ ⑩ ）であるため，銀行や企業の大量記録保存用媒体として（ ⑪ ）フェライト微粒子を使用した大容量磁気テープの需要が増加している．

問題6.3〜6.4節 つぎの用語を（ ① ）〜（ ⑧ ）に入れて，文章を完成させよ．

A：磁気抵抗 B：光磁気 C：硬質 D：水平 E：垂直 F：レーザ光 G：巨大磁気抵抗 H：Co

▶**問5** HDD（ハードディスク駆動装置）の磁気記録媒体は，ガラスのような（ ① ）材料の円盤の表面に（ ② ）を主成分とする強磁性合金が蒸着されている．

▶**問6** 磁気記録密度を高めるためには，表面に平行に磁化させる（ ③ ）磁気記録方式には限界があるので，表面に（ ④ ）に磁化させる（ ④ ）磁気記録方式が主流になりつつある．

▶**問7** 強磁性体に磁界を印加すると電気抵抗が変化する現象が（ ⑤ ）効果である．HDDの記録読み取り用磁気センサとして，（ ⑤ ）効果を利用したMRヘッドが開発された．強磁性金属薄膜層の間にCuのような非磁性体層を入れた多層膜は，単層膜にくらべて大きな（ ⑤ ）効果を示すことが発見され，この現象を利用した（ ⑥ ）ヘッドが開発された．

▶**問8** MO（光磁気）ディスクは，希土類元素強磁性体を蒸着した円盤に磁界を（ ④ ）に印加しながら，パルス状の（ ⑦ ）を照射すると局所的に温度が上昇し，冷却の過程で磁化の方向が反転する現象を利用した（ ⑧ ）記録媒体である．

第7章
半導体素子

　導電材料と絶縁材料の中間の性質をもつ電子材料が半導体材料である．半導体は温度上昇とともに電気抵抗が急速に減少する．温度変化による電気抵抗の変化は，半導体の禁制帯とよばれる電子が存在できないエネルギー帯の幅に依存する．半導体に不純物とよばれる微量の添加元素を入れることによって，p型やn型半導体をつくることができる．シリコンに微量のホウ素を添加するとp型になり，リンを添加するとn型に変化する．

　p型とn型の接合を利用してダイオードやトランジスタが製造されている．本章では，大規模集積回路（LSI）としてもっとも多く使用されているシリコン半導体を中心に述べる．

7.1　半導体

　情報通信技術の進歩には目を見はるものがある．この進歩には LSI（large scale integrated circuit；大規模集積回路）や光伝送技術の進歩が不可欠であった．本節では，まずトランジスタやダイオードに使用されている半導体について述べる．また，発光素子や受光素子に使われる光半導体材料については，第9章で述べる．

　最初に登場したトランジスタは，Ge（ゲルマニウム）製である．不純物をまったく含まない半導体を真性半導体とよぶ．真性 Ge の価電子帯と伝導帯の禁制帯幅（バンドギャップ．詳しくは 7.2 節）は 0.67 eV であり，Si（シリコン）の 1.11 eV の約半分である．

　バンドギャップの小さな Ge は，大きな Si にくらべて電気抵抗が低く，温度変化の影響を受けやすいので，トランジスタ材料として不利である．そのため現在では Si 製が主流である．LSI は，シリコン単結晶チップ（薄片）に膨大な数のトランジスタを集積したものである．

　一辺が数 mm から 15 mm のシリコンチップの上に，数十億個のトランジスタやダイオード，コンデンサを集積化した ULSI（超 LSI；ultralarge scale integrated circuit）の製造技術は急速な進歩を遂げている．ULSI は LSI の一種であることから，本書ではすべての集積回路素子を LSI とよぶ．

　Si や Ge のような原子価が 4 価の 14 族元素以外に，GaAs（ガリウムヒ素）のような 13 族と 15 族元素の化合物が LSI 材料として使用されている．化合物半導体の

電子の移動度は，Si より大きい．移動度が大きな半導体は，より高速で作動する LSI 用として使用することができる．

化合物半導体結晶が，GHz（ギガヘルツ）級の高周波を使用する携帯電話用素子や光ダイオード，レーザ素子材料として製造されている．

高温や放射線に強い LSI 材料として，炭化ケイ素結晶の製造が行われており，さらに，ダイヤモンド製トランジスタの研究開発も行われている．表 7.1 に主な半導体の特性を示す．

表 7.1　主な半導体の物性値

物質	融点 [℃]	禁制帯幅 [eV]	移動度 [cm²/V·s]		熱伝導率 [W·m⁻¹·K⁻¹]	比誘電率
			電子	正孔		
C	3500	5.6	1800	1500	800	5.5
Si	1412	1.11	1300	500	113	12
Ge	959	0.67	3800	1800	63	16.3
GaAs	1237	1.4	8500	420	37	12
InP	1062	1.29	4600	150	50	11

例題 7.1　つぎの用語を（　）に入れて，文章を完成させよ．

A：チップ　B：超 LSI　C：シリコン　D：ゲルマニウム　E：ダイオード

▶ **問 1**　最初に発明されたトランジスタは（　①　）製であったが，現在では（　②　）製が主流である．

▶ **問 2**　一辺が数 mm から 15 mm の半導体結晶の（　③　）に数十億個のトランジスタや（　④　）を集積した素子が（　⑤　）である．

解答　①D：ゲルマニウム　②C：シリコン　③A：チップ　④E：ダイオード　⑤B：超 LSI

7.2　半導体の電気伝導

7.2.1　電気伝導

半導体の明確な定義はないが，一般に常温の電気抵抗率が $10^{-5} \sim 10^5\ \Omega \cdot m$ で，温度上昇とともに抵抗値が減少する物質を半導体とよんでいる．この定義に該当する物質は非常に多い．しかし，実際にトランジスタやダイオードとして使用されているものは，原子価が 4 価の 14 族の元素，平均の原子価が 4 価の 13 族と 15 族，または

表7.2 周期表 12 ～ 16 族元素

周期＼族	12	13	14	15	16
2		B	C	N	O
3		Al	Si	P	S
4	Zn	Ga	Ge	As	Se
5	Cd	In	Sn	Sb	Te

12 族と16 族の組合せの化合物半導体である．表7.2 に周期 2 ～ 5 の 12 ～ 16 族元素を示す．

以下に半導体の代表として，Si の電気伝導について説明する．Si 結晶に電界を印加すると電流が流れる．これは電界によって電子や電子が抜けてできた正孔（hole，ホール）が，Si 結晶中を移動するからである．Si 結晶中の電子や正孔が移動する通路が伝導帯である．

伝導電子は，価電子帯とよばれる帯状の領域に隙間なく充満しており，伝導帯にはほとんど存在しない．伝導帯は価電子帯より高いエネルギー状態にある．価電子帯と伝導帯の間を禁制帯とよび，禁制帯の幅をバンドギャップとよぶ（図7.2 参照）．価電子帯には，隙間なく電子が充満しているため，電界を印加しても，電子はほとんど動くことができない．隙間が十分にある伝導帯中の電子は，電界によって容易に移動するが，低温では伝導帯に電子がほとんど存在しないので，電気抵抗は大きい．

Si の価電子帯の電子にエネルギーを与えると伝導帯に移行する．熱エネルギーによって価電子帯の電子が伝導帯に移行することを，電子の熱励起とよび，励起に必要なエネルギーが活性化エネルギーである．温度上昇に伴って半導体の電気抵抗が減少するのは，価電子帯から励起される電子の数が増加するからである．

Si 原子は 14 個の電子をもち，その電子配置は $1s^2 2s^2 2p^6 3s^2 3p^2$ である．このうち，電気伝導に直接に関係する電子は，外側 4 個の $3s^2 3p^2$ である．低温ではこの 4 個は価電子帯に存在する．

7.2.2 バンド構造

価電子帯や伝導帯は，結晶の中にできるエネルギーの帯である．帯は英語で band であり，このようなエネルギーの帯によって電気伝導を説明する考え方を，バンドモデルとよんでいる．Si 結晶のバンド構造はどのようにしてできるかについて，2 個の原子を例にとって説明する．

図7.1 に，孤立した 2 個の Si 原子を近づけた場合，外側 4 個の $3s^2 3p^2$ 電子が存在することができるエネルギー状態を示す．

孤立した Si 原子中の 3s 電子と 3p 電子は，それぞれの軌道に存在する．この段階

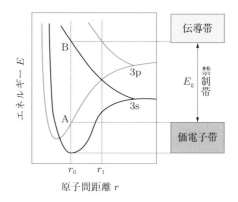

図 7.1　孤立した Si 原子 2 個を近づけた場合の 3s と 3p 電子の軌道エネルギー

では，3s 電子軌道と 3p 電子軌道はエネルギー幅をもっていない．二つの Si 原子が近づくと，電気的な相互作用によってそれぞれの軌道が広がりはじめ，エネルギーの帯ができる．距離 r_1 で 3s 軌道の上端と 3p 軌道の下端が交差して，3s 電子と 3p 電子が混在する状態になる．さらに，原子間距離が小さくなると交差点より下側に価電子帯，上側に伝導帯ができ，その中間は電子が存在できない禁制帯になる．

価電子帯の下端が極小になる距離 r_0 が安定状態であり，A と B の幅が禁制帯に相当する．

価電子帯には，3s 電子と 3p 電子が満たされている．価電子帯に電界を印加する場合，電子で満たされた価電子帯には隙間がないので，電子はほとんど動くことができない．一方，熱エネルギーによって，価電子帯の電子が伝導帯に励起される．価電子の励起によって Si は電気伝導性をもつ．このような半導体を真性半導体とよんでいる．真性 Si の電気伝導度は $10^{-3}\,\mathrm{S\cdot m^{-1}}$ 程度である．

真性半導体の温度 T を上昇させると，熱エネルギーによって価電子帯の電子が伝導帯に励起され，伝導電子の数が増加して導電率 σ（シグマ）が増加する．その変化は式（7.1）によって表すことができる．

$$\log \sigma = -\frac{C}{T} \tag{7.1}$$

ここで log は対数を意味し，C は定数である．グラフの縦軸に σ を対数目盛で，横軸に温度の逆数を示すと，式（7.1）の関係は直線になる．この直線の傾きが，価電子帯と伝導帯の間の禁制帯のエネルギー幅に相当する．このエネルギー幅はバンドギャップとよばれ，これが大きいほど電気抵抗が高く，温度上昇に伴う抵抗の減少の割合が大きい．

ダイオードやトランジスタは，14 族の真性半導体に 13 族または 15 族元素をわず

かに添加してp型またはn型に変化させて製造する．半導体素子の電気伝導は，不純物を添加しない真性半導体の部分と，不純物添加による効果が重なったものである．

例題 7.2　つぎの用語を（　）に入れて，文章を完成させよ．

A：13　B：活性化　C：伝導　D：減少　E：15　F：熱励起　G：価電子　H：半導体　I：4

▶ **問1**　一般に電気抵抗率が $10^{-5} \sim 10^5 \, \Omega \cdot m$ 程度で，温度上昇とともにその値が（　①　）する物質を（　②　）とよんでいる．

▶ **問2**　平均の原子価が（　③　）価になる（　④　）族と（　⑤　）族，または12族と16族の化合物を化合物半導体とよんでいる．

▶ **問3**　シリコンの伝導電子は（　⑥　）帯とよばれる領域に充満しているが，（　⑦　）帯にはほとんど存在しない．

▶ **問4**　温度上昇によって（　⑥　）帯の電子が，上の（　⑦　）帯に移行する．このことを電子の（　⑧　）とよび，これに必要なエネルギーが（　⑨　）エネルギーである．

解答　①D：減少　②H：半導体　③I：4　④A：13（またはE：15）　⑤E：15（またはA：13）　⑥G：価電子　⑦C：伝導　⑧F：熱励起　⑨B：活性化

7.3　p型とn型半導体

前節で述べたように，不純物を添加しない真性半導体の電気伝導は，価電子帯と伝導帯の間のエネルギー幅に依存する．真性半導体の電気抵抗率は高く，GeとSiはそれぞれ $0.1 \, \Omega \cdot m$，$1 \, k\Omega \cdot m$ 程度である．GeやSiに微量の不純物元素を添加すると，p型やn型半導体に変化する．図7.2に，p型半導体とn型半導体の不純物のエネルギー状態を示す．

Siの中に13族の元素であるB（ホウ素）原子を入れると，正孔が生じてp型になる．Siの価電子は4個，Bの価電子は3個である．BがSiの格子に置き換わるためには，周囲のSiから1個の電子をもらって，負にイオン化する必要がある．その結果，周囲の1個のSiが1個の電子を失う．その抜け孔が正孔である．

正孔は特定のSi原子に局在するのではなく，比較的自由にSi結晶中を移動することができる．このときの不純物Bを，電子を受け取るという意味でアクセプタ（acceptor）とよんでいる．アクセプタのエネルギー準位は禁制帯の下側にある．

p型Siに電界を印加すると，正孔が負極側に引き寄せられて移動する．この現象は，

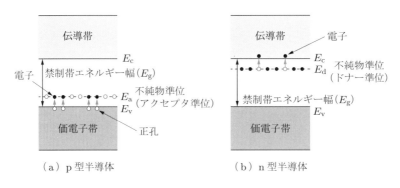

図7.2　p型半導体とn型半導体の不純物のエネルギー状態

正の電荷が結晶中を移動することと同等である．Si中に添加したBを固定陰イオン，陰イオンと同じ数だけ発生した正孔を自由正孔とよんでいる．

　つぎにn型Siについて説明する．15族のP（リン）原子をSi格子中に添加すると，P原子は5個の価電子をもっているので，1個の電子を放出してP$^+$に変化する．放出された電子のエネルギー準位は，禁制帯中の上側に位置する．そのため，放出された電子は，少しの熱エネルギーによって伝導帯に励起される．励起された電子は，伝導帯を比較的自由に動くことができるので，自由電子とよばれている．電子を与えるという意味で，不純物Pをドナー（donor）とよんでいる．

　p型またはn型Siへの添加する不純物原子の量が少ない場合，添加原子の数に相当する正孔や自由電子が存在する．これらは多数キャリアとよばれ，真性半導帯の価電子を熱的に励起させた結果生じる少数キャリアと区別される．

　図7.2からわかるように，p型半導体の価電子帯と不純物準位のエネルギー差は禁制帯幅にくらべてはるかに小さい．同様に，n型半導体の不純物準位と伝導帯のエネルギー差も，禁制帯幅にくらべてはるかに小さい．

　温度上昇に伴って，p型では電子が価電子帯から容易に不純物準位に励起され，正孔が増加する．不純物準位に収容できる電子の数には限界があるために，温度上昇に伴う正孔増加は徐々に飽和する．

　n型では不純物準位から伝導帯に容易に電子が励起されるが，不純物準位の電子の数が限られているために，励起による電気伝導度の増加に限界がある．

　以上のように，p型とn型半導体の温度を上昇させると，それぞれの電気伝導度は急速に増加するが，その後飽和状態になる．

例題 7.3 つぎの用語を（ ）に入れて，文章を完成させよ．

A：アクセプタ　B：5　C：ドナー　D：ホウ素　E：正孔　F：リン　G：電子　H：n　I：p

▶**問1** シリコン結晶の中に13族の元素である（ ① ）を入れると，（ ② ）が生じて（ ③ ）型半導体になる．この13族元素を，電子を受け取るという意味で（ ④ ）とよんでいる．

▶**問2** シリコンの価電子は4個，15族の元素である（ ⑤ ）の価電子は（ ⑥ ）個である．（ ⑤ ）原子がシリコン原子の格子に置き換わるには，1個の電子を放出して，陽イオンに変化する必要がある．

▶**問3** シリコン結晶の中に（ ⑤ ）を入れると，この元素の原子1個あたり1個の（ ⑦ ）を放出して，（ ⑧ ）型半導体になる．この15族元素を電子を与えるという意味で（ ⑨ ）とよんでいる．

解答 ①D：ホウ素　②E：正孔　③I：p　④A：アクセプタ　⑤F：リン　⑥B：5　⑦G：電子　⑧H：n　⑨C：ドナー

7.4 pn接合

ダイオードやトランジスタの作動原理を理解するために，pn接合内の電子や正孔の振る舞いを理解することが必要である．pn接合とは，同じ結晶の一部をp型，ほかの部分をn型にした場合の境界部分のことであって，異なるp型結晶とn型結晶を接合させた場合にはあてはまらない．以下では，シリコンのpn接合について説明する．

図7.2に示すように，p型Siへ添加した不純物によるアクセプタ準位は，禁制帯の下部に位置しており，n型Siへ添加した不純物によるドナー準位は禁制帯の上部に位置している．

p型Siでは，添加したB（ホウ素）などの3価のアクセプタがSiから電子を受け取って負にイオン化し，電子を放出したSiには正孔が発生する．一方，pn接合部のp型領域の3価のアクセプタは，n型領域のP（リン）などの5価のドナーから直接電子を受け取って4価になる．

その結果，pn接合部のSi結晶の格子には多数キャリアが存在しない空乏層ができる．空乏層には，多数キャリアが存在しないため，この部分の電気抵抗は高い．空乏層の幅は10 nm ～ 10 μmであり，不純物の量や製造方法に依存し，ダイオードやト

ランジスタの特性を決める重要な要素となる.

pn 接合の p 型側に正, n 型側に負の電界を印加すると, p 型側から n 型側へ正孔が, n 型側から p 型側へ電子が空乏層を越えて拡散する. 空乏層を越えて n 型領域に入った正孔は, n 型領域の電子と結合する. また, n 型から空乏層を越えて p 型領域に入った自由電子は, p 型領域の正孔と結合し中和する.

p 型領域を正, n 型領域を負に接続することが順方向接続であり, この接続直後に流れる電流が順方向電流である. pn 接合部に逆方向の接続をすると, 電流はほとんど流れない. pn 接合部をもつ整流素子がダイオードである.

例題 7.4 つぎの用語を ( ) に入れて, 文章を完成させよ.

A:境界　B:電気抵抗　C:空乏　D:自由電子　E:n　F:電子　G:正孔　H:p　I:負　J:正

▶ **問 1** pn 接合とは, 同じ半導体結晶の一部を (①) 型にし, ほかの部分を (②) 型にした場合の (③) 部分のことである.
▶ **問 2** pn 接合部には正孔や (④) のような多数キャリアが存在しないためにこの部分の (⑤) は高い.
▶ **問 3** pn 接合の p 型側に (⑥), n 型側に (⑦) の電界を印加すると, (⑧) 層を越えて拡散した (⑨) と (⑩) が結合して中和する.

解答 ①H:p (または E:n)　②E:n (または H:p)　③A:境界　④D:自由電子　⑤B:電気抵抗　⑥J:正　⑦I:負　⑧C:空乏　⑨G:正孔 (または F:電子)　⑩F:電子 (または G:正孔)

7.5 トランジスタ

トランジスタ (transistor) は, transfer of signals through varistor からアルファベットを抜き出してつくった用語である. 最初に実用化されたトランジスタは点接触型である. 現在では, 少数キャリアを利用する接合型と, 多数キャリアを利用する電界効果型トランジスタ (FET ; field effect transistor) が生産されている.

トランジスタは, 電流を増幅することができる素子である. トランジスタの作動原理を理解するために, 代表例として, まずは接合型トランジスタについて述べる.

7.5.1 接合型トランジスタ

図 7.3 に npn 接合部をもつ接合型トランジスタと, それを回路記号で表した図を

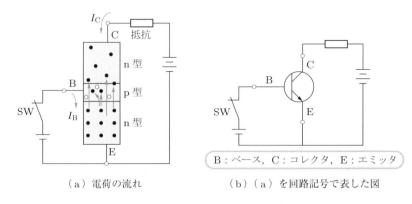

（a）電荷の流れ　　　　　（b）（a）を回路記号で表した図

図7.3 npn接合型トランジスタ

示す.

　このトランジスタは, 薄いp型Siをn型Siによって挟み込んだ構造をもっている. 図 (a) に示すように, 上側のn型をC（コレクタ）, 真ん中のp型をB（ベース）, 下側のn型をE（エミッタ）とよんでいる.

　この接合型トランジスタは, CとEの間に逆方向と順方向の2組のダイオードを直列に組み合わせたものである. npnトランジスタは, Eのn型Siのドナーの濃度をCより高くすることが重要な点である.

　まず, Cに正, Eに負の電界を印加する. C–E間には, 逆方向のC–Bを含んでいるので, EとCの間には電流は流れない. つぎに, 別の電源を使ってBに正, Eに負の電界を印加すると, B–E間は順方向なので, 電流 I_B が流れる. 電流方向と電子の流れる方向とは反対方向である.

　EからBへ流入する電子の数が多く, p型の正孔との結合による消滅が少なければ, Cの部分にも電子が流れ込み, C–E間に電流 I_C が流れる. この電流がB–E間の電流より大きければ, B–E間の電流を増幅したことになる. 適当な不純物濃度をもつnpn接合の組合せによって, 電流増幅率が50～200程度の接合トランジスタを製造することができる.

　以上, npn型について述べたが, pnp型についても同様の原理によって増幅作用を説明することができる.

7.5.2　電界効果トランジスタ

　電界効果トランジスタ（FET）は多数キャリアによるもので, 接合型と同様に三つの電極をもつが, 名称が異なりS（ソース）, G（ゲート）, D（ドレイン）である. 図7.4に電界効果トランジスタの作動原理を示す.

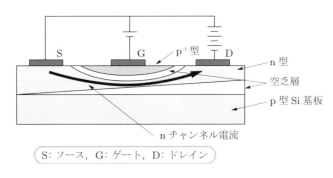

S: ソース，G: ゲート，D: ドレイン

図 7.4　電界効果トランジスタの作動原理

　p 型 Si 基板上に n 型の層をつくり，その上に正孔密度の高い p 型層を部分的につける．とくに，この正孔密度の高い p 型を p⁺ 型とよぶ．図に示すように，n 型層の両端に S と D の電極を取りつける．S に正，D に負の電界を印加すると，電子は n 型層の D から S を通って流れる（電流はこの反対向きの方向）．この流れの領域を n チャンネルとよぶ．S と D 電極間の電流に対する G と D 電極間の電流の割合が，FET の電流増幅率である．

　n チャンネルに対して p⁺ 型の G 電極に負の電圧を与えると，pn 接合部に逆方向の電界を印加したことになり，空乏層の厚さが厚くなる．また，p 型基板と n 型層との間の空乏層の厚さも厚くなる．この場合，電極の位置関係による電界の勾配のため，n チャンネル中の空乏層の厚さは D 電極側ほど大きく，n チャンネルの D 側の出口を狭める形になる．

　G 電極に印加する電界によって，pn 接合部の空乏層の厚さが変化し，これに応じて n チャンネルに流れる電流の量が変化する．印加電界がある値を超えると，電流はほとんど流れなくなる．このことをピンチオフとよんでいる．

7.5.3　MOS–FET と DRAM

　電界効果トランジスタのゲート部を p⁺ にする代わりに，G 電極と n 型層との間に SiO_2 絶縁層を入れたものが，MOS（metal–oxide semiconductor）–FET である．図 7.5 に MOS–FET の構造を示す．G 電極に印加する電界を変化させることによって，S から D への n チャンネル電流を変化させることができる．MOS–FET は高周波抵抗が高いことから，マイクロ波領域までも使用でき，構造が簡単なので集積度を高めることに適している．

　書き込みや読み取りが自由にできる記録素子の DRAM（dynamic random access memory）は MOS–FET とコンデンサを組み合わせたものであり，半導体記録素子

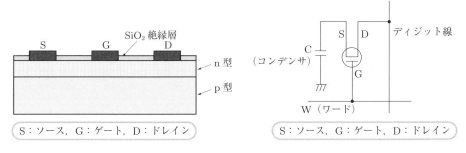

図 7.5　MOS−FET の構造　　　　図 7.6　MOS DRAM セルの回路

として大量に生産されている.

このトランジスタの応答速度を高めるためには，S と D を近づけることが必要である. このためには，G の電極幅を小さくすることが必要である. この幅を線幅とよんでおり，線幅数十 nm の MOS−FET が製造されている.

図 7.6 に MOS DRAM セルの回路を示す. コンデンサ（C）に電荷があるか，ないかによって，1 か 0 のディジタル信号として情報が蓄積される. MOS の G 電極に印加する電界によって C へ充電したり，電荷の読み取りを行ったりすることができる.

その他の記録素子として，フラッシュメモリがある. 書き換えが可能であり，電源を切ってもデータが消えない半導体記録素子をフラッシュメモリとよんでいる. 記録セルの接続方式によって NOR 型フラッシュメモリと NAND 型フラッシュメモリがある. ともに舛岡富士雄（当時東芝）が発明したものである. NOR 型はマイコン応用機器のシステムメモリに適している. NAND 型は，データストレージ用に適しており，携帯電話やデジタルカメラなどの記録媒体として使用されている.

> **例題 7.5**　つぎの用語を（　）に入れて，文章を完成させよ.

> **A**：FET　**B**：トランジスタ　**C**：ダイオード　**D**：二酸化ケイ素　**E**：順　**F**：逆

▶ **問 1**　pn 接合を利用した電子素子が（　①　）であり，pnp または，npn 接合部をもつ素子が（　②　）である.

▶ **問 2**　接合型トランジスタは（　③　）方向と（　④　）方向の二組の（　①　）を組み合わせた電子素子である.

▷ **問3** 電界効果トランジスタ（ ⑤ ）の電極と半導体部の間に絶縁体である
（ ⑥ ）を入れたものが MOS-（ ⑤ ）である.

解答 ①C：ダイオード ②B：トランジスタ ③E：順（または F：逆） ④F：逆（ま
たは E：順） ⑤A：FET ⑥D：二酸化ケイ素

──────────── 演習問題 ────────────

問題 7.1〜7.2 節 つぎの用語を（ ① ）〜（ ㉒ ）に入れて，文章を完成させよ.

A：大きく　B：電子　C：逆数　D：減少　E：真性　F：15　G：ゲルマニウム　H：
励起　I：電気抵抗率　J：バンドギャップ　K：14　L：$3s^2 3p^2$　M：対数　N：活性
化　O：4　P：直線　Q：高い　R：正孔　S：伝導帯　T：価電子　U：13　V：禁
制

▶ **問1** 不純物をまったく含まない半導体を（ ① ）半導体とよぶ. シリコンとゲルマニウ
ムの禁制帯幅である（ ② ）を比較すると，前者の（ ② ）は後者より（ ③ ），電気抵
抗は（ ④ ）.

▶ **問2** 一般に（ ⑤ ）が $10^{-5} \sim 10^5\,\Omega\cdot\mathrm{m}$ 程度で，温度上昇とともに（ ⑤ ）が（ ⑥ ）
する物質を半導体とよんでいる.

▶ **問3** 平均の原子価が（ ⑦ ）価になる（ ⑧ ）族と（ ⑨ ）族元素の化合物が半導体
として利用されている.

▶ **問4** トランジスタは，原子価が（ ⑦ ）価の（ ⑩ ）族元素のシリコンや（ ⑪ ）の
結晶を使って製造される.

▶ **問5** シリコン結晶に電界を印加すると電流が流れる. これは結晶中を（ ⑫ ）や
（ ⑬ ）が移動するからである.

▶ **問6** （ ⑭ ）帯と（ ⑮ ）の間を（ ⑯ ）帯とよび，この幅をバンドギャップとよんで
いる.

▶ **問7** シリコン原子は 14 個の電子をもっている. その電子配置は $1s^2 2s^2 2p^6 3s^2 3p^2$ である.
低温では外側の 4 個の（ ⑰ ）電子は（ ⑭ ）帯に存在するが，温度上昇に伴って
（ ⑮ ）帯に（ ⑱ ）される.

▶ **問8** 半導体の導電率の（ ⑲ ）を縦軸に，温度の（ ⑳ ）を横軸に書き込むと，この
関係は（ ㉑ ）で表される. この（ ㉑ ）の傾きが（ ㉒ ）エネルギーに対応する.

問題 7.3〜7.4 節　つぎの用語を（ ① ）〜（ ⑰ ）に入れて，文章を完成させよ．

A：正孔　B：ドナー　C：逆　D：伝導帯　E：順　F：アクセプタ　G：ホウ素　H：自由　I：3　J：空乏　K：電子　L：5　M：正　N：上側　O：陰　P：リン　Q：負

▶**問9**　シリコンの価電子は 4 個, 13 族の元素である（ ① ）の価電子は（ ② ）個である．（ ① ）原子がシリコン原子の格子に置き換わるためには，周囲のシリコン原子から 1 個の電子をもらう．その結果, 1 個の電子を供給したシリコン原子には電子の抜け孔ができる．この抜け孔を（ ③ ）とよぶ．

▶**問10**　シリコン中に添加した（ ① ）を固定（ ④ ）イオン，このイオンと同じ数だけ発生した（ ③ ）を自由（ ③ ）とよんでいる．

▶**問11**　シリコン結晶に（ ⑤ ）個の価電子をもつ（ ⑥ ）原子 1 個を添加すると, 1 個の電子が放出される．この放出された電子のエネルギー準位は禁制帯の（ ⑦ ）に位置する．

▶**問12**　シリコン結晶に（ ⑥ ）原子を添加すると 1 個の電子が放出される．この電子は少しの熱エネルギーによって（ ⑧ ）に励起され，（ ⑧ ）中を比較的自由に動くことができるので（ ⑨ ）電子とよばれている．

▶**問13**　pn 接合部の p 型領域の 3 価の（ ⑩ ）は，n 型領域の 5 価の（ ⑪ ）から電子を受け取って 4 価になる．その結果, pn 接合部には（ ③ ）や（ ⑨ ）電子が存在しなくなる．この層を（ ⑫ ）層とよぶ．

▶**問14**　pn 接合の p 型側に（ ⑬ ），n 型側に（ ⑭ ）の電界を印加すると，p 型側から（ ③ ）が，n 型側から（ ⑮ ）が（ ⑫ ）層を越えて拡散する．

▶**問15**　p 型側を（ ⑬ ）極，n 型側を（ ④ ）極に接続する方向が（ ⑯ ）方向接続であり，その反対が（ ⑰ ）方向接続である．（ ⑰ ）方向接続すると電流はほとんど流れない．

問題 7.5 節　つぎの用語を（ ① ）〜（ ⑧ ）に入れて，文章を完成させよ．

A：コレクタ　B：ベース　C：コンデンサ　D：p　E：n　F：エミッタ　G：記録　H：DRAM

▶**問16**　npn 接合型トランジスタは，薄い（ ① ）型シリコンを（ ② ）型シリコンで挟み込んだ構造をもっている．

▶**問17**　npn 接合型トランジスタの一方の（ ② ）型部分を C（ ③ ），反対側の（ ② ）型部分を E（ ④ ），真ん中の（ ① ）型の部分を B（ ⑤ ）とよんでいる．

▶**問18**　メモリの書き込みや読み取りが自由にできる（ ⑥ ）は MOS−FET と（ ⑦ ）を組み合わせた素子であり，半導体（ ⑧ ）素子として大量に製造されている．

第8章
半導体素子の製造

　大規模集積回路（LSI）は，大型のシリコン単結晶の薄板上に微細なトランジスタやダイオードを生成し，回路パターンを焼きつけたチップとして製造されている．LSI用シリコン結晶は超高純度である必要があり，製造コスト低減のために直径 300 mm 以上のものが製造され，厚さ 0.3 mm 以下の薄板（ウェハー）が切り出されている．過去 20 年以上にわたり，LSIの集積密度は年々飛躍的に高まり，一辺約 15 mm のチップに数十億個以上のトランジスタやコンデンサを埋めこんだ素子が大量生産されている．

　本章では，大型シリコン結晶の育成方法とLSIチップの製造技術について述べる．さらに，半導体の一種である化合物半導体結晶の製造法についても述べる．

8.1　シリコンの結晶成長

　LSIは大規模集積回路（large scale integrated circuit）の略語である．LSIの製造には，高純度で欠陥が極めて少ないシリコン単結晶が使用される．ここでは，代表的な大型単結晶の製造方法である引き上げ法（チョクラルスキー法）について述べる．

　シリコン結晶の原料はケイ石やケイ砂で，その主成分は SiO_2（二酸化ケイ素）である．精製のコストを低減させるためには，出発原料の純度はなるべく高いほうがよい．二酸化ケイ素とコークスと混ぜて焼くと，二酸化ケイ素の酸素は，コークスの炭素と反応して一酸化炭素または二酸化炭素となって抜ける．残った大部分がシリコンである．このシリコンと塩酸を反応させてトリクロロシランにする．

　トリクロロシランは32℃で沸騰する液体である．この液体を加熱して発生する蒸気を冷やすと液体に戻る．この操作を繰り返してトリクロロシランの純度を高める．最終的には99.999999999％まで精製が行われる．この純度は，9 が 11 個つくので 11 ナインとよばれる．つぎに，トリクロロシランを高温で分解して，高純度シリコンを析出させて単結晶の原料にする．

　大型の結晶は，溶けたシリコンに種結晶をつけてゆっくり引き上げる方法によって製造される．この方法を図 8.1 に示す．

　シリコンが直接に接触する石英るつぼには，高純度石英ガラスを使用する．るつぼの外側に黒鉛るつぼをおく．さらに，その外側に黒鉛ヒーターをおいて内側全体を加熱する．シリコンの融点は1412℃である．結晶育成中はヒーター内部の温度分布を

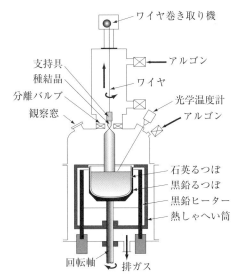

図 8.1 引き上げ（チョクラルスキー）法
によるシリコンの結晶育成

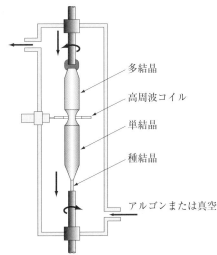

図 8.2 融帯移動法（FZ 法）による結晶育成

精密に保つ必要がある.

　溶けたシリコンの表面に単結晶の種をつけて，るつぼの回転方向と反対方向に種を回転させながらゆっくりと引き上げる．結晶の種の部分は親指程度の太さであり，ここを起点に成長させる結晶は直径 300 mm，長さ 2 m 程度である．この大きさの結晶育成には約 1 週間がかかるので，地震などの振動によって種結晶の部分で切れることがある．結晶の太い部分をつかみ，補強しながらの引き上げが行われている．また，直径 300 mm よりもさらに大きな結晶の生産が計画されている.

　引き上げ法では，るつぼ材料として二酸化ケイ素からなる石英ガラスを使用するために，シリコン結晶中に酸素が不純物として溶けこむ．酸素が含まれるとシリコン結晶の電気抵抗が低下するので，LSI の高性能化に伴って，シリコンに含まれる不純物酸素が無視できない場合がある.

　不純物酸素を減らすために，るつぼを使用しない融帯移動法（FZ 法）によっても，シリコン結晶が製造されている．図 8.2 に FZ 法の概念図を示す．垂直においた棒状の多結晶シリコンの外側にリング状のコイルを置き，高周波電流を流してコイル内のシリコンを誘導加熱して溶融する.

　シリコン原料を回転しながら，コイルをゆっくりと下から上へと移動させる．原料の下部に単結晶シリコンを接触させて，溶融部分が固化するとき種結晶と同じ方位に結晶が成長するよう，温度を制御しながらコイルの移動を行う.

例題 8.1   つぎの用語を（   ）に入れて，文章を完成させよ．

A：トリクロロシラン   B：引き上げ   C：蒸気   D：LSI   E：単結晶   F：酸素   G：液体   H：石英ガラス

▶**問1**　（　①　）（大規模集積回路）にもっとも多く使用されている素材はシリコン（　②　）である．大型の（　②　）はチョクラルスキー法とよばれる（　③　）法によって製造されている．

▶**問2**　高純度シリコンは液体の（　④　）を加熱して発生する（　⑤　）を冷やして（　⑥　）に戻す操作を繰り返して，高純度の（　④　）を製造し，最後にこの液体を高温で分解して製造する．

▶**問3**　チョクラルスキー法によるシリコン結晶製造は，るつぼ材料として（　⑦　）を使用するために，結晶中に不純物として（　⑧　）が溶け込むことが欠点である．

解答　①D：LSI　②E：単結晶　③B：引き上げ　④A：トリクロロシラン　⑤C：蒸気　⑥G：液体　⑦H：石英ガラス　⑧F：酸素

8.2　LSI の製造

　一辺約 15 mm のシリコンチップ上に数十億個のトランジスタやコンデンサを埋めこんだ LSI が生産されている．集積度が高まるにつれて，LSI は VLSI（very LSI），ULSI（ultra LSI）とよばれている．一般的な定義はないが，1 チップあたり数万素子のものを LSI，数十万素子のものを VLSI，数百万以上のものを ULSI とよんでいた．しかし，近年，十億（1 G，ギガ）個以上のものが大量生産されるようになって，すべての集積回路が LSI とよばれるようになった．

　常に，集積密度を高めるための技術開発が行われており，より集積度の高い LSI 製造技術を巡って，激しい国際競争が行われている．

　LSI の集積密度を高めるためには，シリコンチップに焼きつける電極の線幅を可能な限り狭めることが必要である．容量 256 MB 級では 0.16 μm 程度であるが，1024 MB（1.024 GB）級では 0.1 μm 程度である．一般に，0.1 μm 以下の微細加工技術をナノテクノロジー（nanotechnology，ナノテク）とよんでいる．この定義に従うと，G（ギガ）級 LSI の製造技術はナノテクそのものである．

8.2.1　シリコンウェハー

引き上げ法で育成された直径 300 mm, 長さ 2 m 程度のシリコン単結晶は, 厚さ 0.2 ～ 0.3 mm にスライスされる. スライスされた薄い円盤はウェハーとよばれている. シリコン結晶は高価な素材である. 円柱結晶の切断時に無駄が出ないよう, 微細なダイヤモンド粒を付着させたワイヤを使用して切断する.

ワイヤの太さだけシリコンが無駄になるので, できるだけ細い金属線を等間隔に平行に数百本固定して, 一度に数百枚のウェハーを切り出す. そして, 得られたシリコンウェハーの面を研磨し洗浄する. 洗浄に使用する水は, 不純物を徹底的にとり除いた純水を使用する. 純水は天然水を精製したものを使用するので, 水の精製コストも LSI 製造コストの重要な要素である. そのため, LSI 製造工場は, 良質で安価な工業用水を多量に利用できる地域に設置されている.

洗浄後のウェハーは p 型や n 型化処理が行われる. この処理は, 3 価または 5 価の元素を含むガス中でウェハーを加熱して, ホウ素やリンをシリコン結晶表面から内部に熱拡散させる. その後, ウェハー表面に回路の焼きつけを行う.

8.2.2　回路パターンの焼きつけ

LSI は, 厚さ方向に多層パターンを焼きつける. それぞれの層はマスクを使用して焼きつけられる. 回路パターンの焼きつけは, レチクルとよばれる 10 倍に拡大したマスクを使用して行う. 回路パターンの焼きつけを図 8.3 に示す.

LSI 製造の大敵はごみ粒子である. LSI には線幅 0.1 μm 以下のパターンを焼きつける必要があるので, ごみ粒子が基板に付着すると, 欠陥の原因になる. したがって,

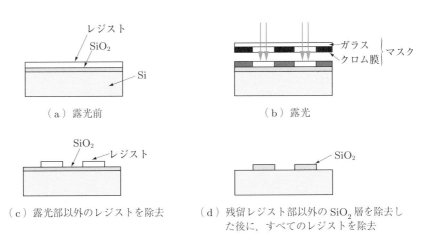

（a）露光前　　　　　　　　　　　（b）露光

（c）露光部以外のレジストを除去　　（d）残留レジスト部以外の SiO₂ 層を除去した後に, すべてのレジストを除去

図 8.3　回路パターンの焼きつけ

LSI は，空気から徹底的にごみ粒子を取り除いた無塵環境で製造される．

　無塵工場にごみ粒子が入りこむ大きな要因は，作業員が持ちこむほこりである．ほこりのつきづらい作業服に着替え，靴も履き替え，帽子をかぶり，マスクをつけ，全身に清浄空気を吹きかけてから作業室に入室する．

　レクチルの基板には，低熱膨張係数の石英ガラスを使用する．

　マスクの製作は，石英ガラスの上にフォトレジスト膜を塗布し，コンピュータ制御による電子ビーム露光によってパターンを描かせる．電子ビームや光によって感光する材料をフォトレジストとよんでおり，LSI 製造フォトレジストにはクロムを含む無機化合物が使用されている．感光後フォトレジストは化学処理によって，感光部分以外が除去される．

　データ記録用フラッシュメモリ LSI は，n 型処理したシリコンウェハーを基板として製造される．この基板表面を酸化して 0.15 μm 程度の SiO_2 層を形成した後に，有機感光フォトレジストを塗布し，マスクを介して目的のパターンの焼きつけを行う．

　パターン焼きつけ露光は，できるだけ波長の短い光を使用する必要がある．波長が短いほど，シャープなパターンを焼きつけることができるからである．通常は水銀ランプの紫外線が利用されている．0.1 μm 以下の線幅を焼きつけるために，波長の短い X 線による露光が行われている．

　フォトレジストに回路を焼きつけた後に，化学処理によって回路以外のレジストを除去する．次に，残留レジスト部以外の SiO_2 層を除去する．その後，レジストを除去して露出したシリコン表面に，不純物元素を熱拡散によって注入する．

　回路の配線成形は基板にマスクをおき，アルミニウムを蒸着させることによって行う．回路の微細化とともに，アルミニウムより電気抵抗が低い材料が必要とされてきた．アルミニウムに代わるものとして，銅の蒸着技術の開発が行われている．

　トランジスタやダイオード，コンデンサを取りつけたシリコンチップは，電気絶縁性の基板に接着される．この基板には，電気回路が埋めこまれ，チップとは金線によって接続されている．

　LSI の高密度化に伴って内部から発生する熱が増加し，LSI チップ温度が上昇して機能が低下する．これを避けるために，熱伝導性に優れた電気絶縁材料に LSI チップを接着して排熱することが行われている．

　熱伝導性に優れた電気絶縁材料については第2章で述べた．また，LSI チップを外気やほこりから保護するために，全体をプラスチックケースに封入し，内部の隙間には二酸化ケイ素粉末とプラスチックの混合物を充填する．

例題 8.2　つぎの用語を（　）に入れて，文章を完成させよ．

A：リン　B：ごみ粒子　C：紫外線　D：ホウ素　E：拡散　F：水銀　G：短い　H：無塵　I：ウェハー

▷**問1** LSI は直径 250 〜 300 mm のシリコン結晶を厚さ 0.3 mm 以下にスライスした薄板から製造される．このスライスされた薄板円盤は（　①　）とよばれている．この（　①　）の表面が p 型や n 型に処理される．処理の方法は 3 価の（　②　）や 5 価の（　③　）を含むガス中で（　①　）を加熱してこれらの元素を（　④　）させる．

▷**問2**　シリコン（　①　）の表面に微細な回路パターンを焼きつける作業は徹底的に（　⑤　）を取り除いた環境で行われる．このような工場を（　⑥　）工場という．

▷**問3** LSI の回路パターン焼きつけの露光にはできるだけ波長の（　⑦　）光を使用する．通常は（　⑧　）ランプの（　⑨　）が利用されている．

解答　①I：ウェハー　②D：ホウ素　③A：リン　④E：拡散　⑤B：ごみ粒子　⑥H：無塵　⑦G：短い　⑧F：水銀　⑨C：紫外線

8.3　ダイヤモンドと化合物半導体

8.3.1　ダイヤモンド

1947 年，アメリカ・ベル電話研究所で発明されたトランジスタは Ge（ゲルマニウム）製である．その後，トランジスタの主流は Ge から Si（シリコン）に変わった．それは Si の禁制帯幅が Ge の約 2 倍であり，温度変化に対し安定しているからである．Ge も Si も電子軌道の外側に s 電子 2 個と p 電子 2 個，合計 4 個の価電子をもつ 14 族元素である．

Si と Ge の結晶構造は，ダイヤモンド型とよばれるものである．ダイヤモンド型は，4 個の原子がつくる正四面体の頂点と中心に原子が存在し，正四面体の頂点がほかの正四面体の頂点を共有する構造をもっている．ダイヤモンド構造の原子は，周囲 4 個の原子と価電子を共有して sp^3 混成軌道とよばれる電子軌道をもち，強い共有結合によって結ばれている．

Si の価電子帯と伝導帯の間の禁制帯幅は，半導体材料として適当な大きさであり，pn 接合ができることが，Si が半導体素子の主流になった理由である．禁制帯幅が広いほど温度変化に対して安定で，禁制帯中に必要な不純物準位を設けることができるので，優れたトランジスタを製造することができる．周期表の 14 族元素は，上から C，

Si, Ge の順で並んでいる. 上に位置するほど禁制帯の幅が大きいので, C がもっとも優れたトランジスタ材料としての可能性を秘めている.

Si と類似の sp^3 混成軌道をもつ炭素の結晶がダイヤモンドである. ダイヤモンドをトランジスタとして利用するためには, ダイヤモンド結晶の一部を p 型, ほかを n 型に変化させなければならない.

p 型シリコンの製造に多く使用されている不純物元素は, 原子半径の小さな B (ホウ素) である. ダイヤモンドの炭素の一部を B に置換した p 型ダイヤモンドの製造技術は確立しているが, n 型ダイヤモンドの合成は難しく, 実用に耐える pn 接合に成功しているとはいえない.

SiC (炭化ケイ素) は Si と C (ダイヤモンド) の中間の特性をもった物質であり, パワーデバイス (高電力素子) としての実用化が進んでいる. SiC は Si にくらべて, 絶縁破壊電界強度が 10 倍, 禁制帯幅が 3 倍であることから, 高電圧, 高温で使用できるトランジスタとしてモータの制御器はじめ, さまざまな高電力機器に使用されている.

8.3.2 化合物半導体

13–15 族, または 12–16 族元素の 1 対 1 化合物で, 四面体構造をもつ物質の中には, 14 族と同様に半導体として優れた特性を示すものがある. その代表的な物質が GaAs (ヒ化ガリウム, 通称:ガリウムヒ素) である. キャリア移動度は Si より大きな値をもち, 高速トランジスタの素材として優れている.

キャリア移動度とは, 電子や正孔の動きやすさを示す指標である. GaAs は周波数の高い携帯電話用半導体材料としてばかりでなく, 発光素子としての需要が増加している.

化合物半導体は複数の元素からなっており, 構成元素の高温での蒸気圧が異なり, 蒸発割合が異なるので, 結晶育成は特別の工夫が必要である.

InP (インジウムリン) は GaAs にくらべて大きな禁制帯幅をもち, 温度変化に対して安定した半導体材料であるが, 高い蒸気圧をもっているために結晶製造は難しい. InP の蒸発を抑えるために, 150 気圧程度の高圧アルゴンガスの雰囲気下で, 結晶育成が行われている. るつぼ中の InP の上に, B$_2$O$_3$ (酸化ホウ素) をのせて加熱溶融する. B$_2$O$_3$ は 450℃ で溶融し, InP よりはるかに密度が小さいので, 図 8.4 に示すように, InP のふたの役割を果たす.

一方, GaAs の単結晶製造技術は確立されており, 直径 150 mm 程度の結晶の製造が行われている. GaAs の元素の一部を In や Al に置換することによって, 禁制帯幅を制御することができるので, Ga–Al–In–As のような四元系の複雑な組成をもつ

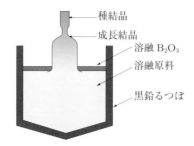

図 8.4　溶融 B_2O_3 のふたを利用する InP の結晶育成

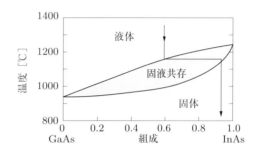

図 8.5　GaAs と InAs を両端にもつ混晶系化合物 $Ga_xIn_{1-x}As$ の相関係図

単結晶が製造されている.

　図 8.5 に $Ga_xIn_{1-x}As$ の相関係を示す. 両端の GaAs と InAs の混合物を溶融した後に徐々に冷却すると, 液相と固相が混じりあった固液共存の領域があらわれる. しかも, 液相と固相の成分の割合は温度降下とともに変化する. このため, 仕込んだ成分がそのまま結晶の成分になることはなく, しかも結晶の成長につれて成分が連続的に変化するために, 均一な結晶の製造は難しい.

　均一な多成分化合物半導体結晶の製造が難しいので, ほとんどの化合物半導体の結晶はエピタキシー法とよばれる方法によって製造されている.

　エピタキシー法は, 類似の結晶構造をもつ化合物半導体単結晶を基板として, その上に目的の膜状結晶を生成させる方法である. 溶融原料に基板を接触させて成膜する方法が液相エピタキシー法, ガスを原料から目的の物質へ成膜させる方法が気相エピタキシー法である.

例題 8.3　　つぎの用語を（　）に入れて，文章を完成させよ．

A：化合物　B：禁制帯幅　C：膜状　D：エピタキシー　E：ゲルマニウム　F：キャリア　G：2

▶ **問1**　最初に発明されたトランジスタは（　①　）製である．それに代わってシリコン製が主流になったのは，（　①　）にくらべてシリコンの（　②　）が約（　③　）倍なので，温度変化による電気特性の変化が小さいからである．

▶ **問2**　半導体として 14 族元素と同等またはもっと優れた電気特性をもつものが（　④　）半導体である．その代表が GaAs である．この半導体は（　⑤　）の移動度がシリコンより大きいので，高速トランジスタ材料として使用されている．

▶ **問3**　多成分の化合物半導体の均一な大型結晶を製造することは難しいので，結晶化が比較的容易な化合物半導体結晶から切り出した面の上に，目的の組成の結晶を（　⑥　）に育成して，LSI 素子として使用する．基板上に（　⑥　）に結晶成長させる方法を（　⑦　）法とよんでいる．

解答　①E：ゲルマニウム　②B：禁制帯幅　③G：2　④A：化合物　⑤F：キャリア　⑥C：膜状　⑦D：エピタキシー

──────────────── 演習問題 ────────────────

問題 8.1〜8.2 節　　つぎの用語を（　①　）〜（　⑱　）に入れて，文章を完成させよ．

A：トリクロロシラン　B：回路パターン　C：100　D：ケイ石　E：多結晶　F：石英ガラス　G：種結晶　H：引き上げる　I：アルミニウム　J：銅　K：フォトレジスト　L：10^9　M：融帯　N：二酸化ケイ素　O：レチクル　P：回転　Q：10　R：ウェハー

▶ **問1**　シリコン結晶の原料は（　①　）やケイ砂であり，その主成分は（　②　）である．金属シリコンは（　②　）とコークスの混合物を焼成して，（　②　）を還元させて製造する．この金属シリコンと塩酸を反応させると，32℃で沸騰する液体の（　③　）が生成する．

▶ **問2**　シリコン大型結晶はチョクラルスキー法によって製造されている．この方法は，るつぼ中の溶けたシリコンの表面に（　④　）をつけて，（　⑤　）させながらゆっくりと（　⑥　）方法である．

▶ **問3**　るつぼを使用しないシリコン結晶の製造方法が（　⑦　）移動法である．この方法は，垂直に置いた棒状の（　⑧　）シリコンの外側に加熱用コイルを置いて，内側のシリコンを溶融させながら，ゆっくりとコイルを移動させる方法である．

▶ **問4**　1 G（ギガ）とは（　⑨　）を意味している．したがって，10 GB（ギガバイト）チップには，（　⑩　）億個のトランジスタやコンデンサが組み込まれている．

▶ **問5**　LSI の製造は p 型または n 型処理したシリコン製（　⑪　）の表面に（　⑫　）を光学的な方法によって焼きつけることによって行う．（　⑫　）の焼きつけは（　⑬　）とよばれる（　⑭　）倍に拡大したマスクを使用する．

▶ **問6**　LSI の回路パターンは，熱膨張係数が極めて小さな（　⑮　）の上に電子ビームや光によって感光する（　⑯　）とよばれる感光材料を付着させ製造する．

▶ **問7**　LSI の回路の配線はシリコン基板にマスクをおいて，真空中で（　⑰　）を蒸発させて回路パターンを付着させる．回路の微細化とともに，より電気抵抗の低い（　⑱　）の蒸着方法の技術開発が行われている．

問題8.3節	つぎの用語を（　①　）～（　⑪　）に入れて，文章を完成させよ．

> A：結晶構造　B：ダイヤモンド　C：正四面体　D：ゲルマニウム　E：禁制帯幅　F：エピタキシー　G：中心　H：膜状　I：酸化ホウ素　J：高圧　K：炭素

▶ **問8**　半導体材料であるシリコンと（　①　）は，4 個の原子がつくる（　②　）の頂点と（　③　）に原子が存在する（　④　）型結晶構造をもつ．

▶ **問9**　半導体材料は価電子帯と伝導帯の間の（　⑤　）が広いほど，優れたトランジスタを製造することができる．周期表の 14 族元素のシリコンの真上に位置する（　⑥　）がもっとも優れたトランジスタ材料になることが期待されている．

▶ **問10**　インジウムリンはガリウムヒ素にくらべて大きな（　⑤　）をもっているので，温度変化に対して安定した半導体材料である．高温で蒸発しやすいので，（　⑦　）のアルゴンガス雰囲気中で結晶の製造が行われる．さらに，蒸発を抑えるために，インジウムリンの表面に 450℃ で溶融する（　⑧　）のふたを置いて熱処理する．

▶ **問11**　化合物半導体の結晶製造方法の一つである（　⑨　）法は，格子定数の近い類似の（　⑩　）をもつ結晶を基板として，その上に（　⑪　）の結晶を生成させる方法である．

第9章
光材料

　地球温暖化対策の一環として，照明器具としての白熱電球の製造が制限され，室内照明の主力が蛍光灯から半導体 LED（light emitting diode）に変わった．LED は使用電力が極端に小さく長寿命であり，半導体 pn 接合部に電流を流すときに生じる発光現象を利用した照明デバイスである．

　また，半導体レーザは波長がそろった発光素子であり，LED の pn 接合部に電子と光を閉じこめるための複雑な構造をもった素子である．パルス信号に変換されたレーザ光は光通信に使用され，長距離光通信は石英ガラス製ケーブルを使用して行われている．

　本章では，映像記録に使われている撮像デバイス，産業用強力レーザ材料についても述べる．

9.1　半導体発光素子

9.1.1　発光ダイオード（LED）

　半導体の片側が p 型，反対側が n 型になるように，不純物元素を添加して pn 接合を形成すると，境界には正孔や伝導電子がほとんど存在しない空乏層が生じることについては 7.4 節で述べた．

　Si（シリコン）は 4 価の元素であり，Si 結晶に 3 価の B（ホウ素）を添加すると，B 原子 1 個あたり 1 個の正孔が発生し p 型になり，5 価の P（リン）を添加すると，P 原子 1 個あたり 1 個の伝導電子が発生し n 型になる．境界領域では正孔と電子が結合し，電荷がほとんど存在しない空乏層が生成する．

　pn 接合の p 型側伝導帯エネルギー準位は n 型より高く，境界の空乏層には，図 9.1 に示すような電場勾配が生じ，n 型領域の伝導電子が p 型領域に移動することはできない．p 型側を＋，n 型側を－の方向に電界を印加すると，n 型領域の伝導電子は p 型側に引き寄せられ，p 型領域の正孔は n 型側に引き寄せられ，空乏層に移動し，再結合する．このとき，禁制帯幅（価電子帯と伝導電子帯のエネルギー間隔）に相当するエネルギーが光と熱として放出される．この現象はすべての pn 接合で見られる現象である．その中でも十分に強い発光が起こる半導体素子が，発光ダイオード LED（light emitting diode）である．

　光は電磁波の一種であり，人の目に見える波長領域の電磁波を可視光線とよぶ．表

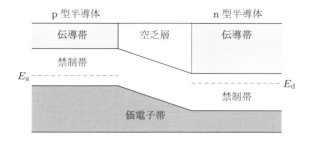

図 9.1　pn 接合におけるエネルギー状態．E_a：アクセプタ準位，E_d：ドナー準位

表 9.1　可視光線の色と波長（＊：光の三原色）

色	波長 [nm]		
紫	380	～	450
青＊	450	～	495
緑＊	495	～	570
黄	570	～	590
橙	590	～	620
赤＊	620	～	750

9.1 に光の波長と色の関係を示す．数値に幅があるのは，目に感じる波長に個人差があるからである．

　光の三原色は青，緑，赤であり，これらを合わせると白色光を作り出すことができる．可視光線の波長下限側が青，上限側が赤色であり，可視光線より波長の短い光線を紫外線，長いものを赤外線とよぶ．波長が短いほど光線のエネルギーは高い．

9.1.2　ガリウム系 LED

　周期表の 13 族元素の Ga（ガリウム）と 15 族元素の N（窒素），P（リン），As（ヒ素）との化合物は優れた発光ダイオード材料である．Ga と化合する 15 族元素の元素番号が低いほど化合物の禁制帯幅は広く，LED の発光波長は短い．図 9.2 に Ga 系 LED の発光スペクトルを示す．

　GaN（窒化ガリウム）は禁制帯幅が十分に広く，青色 LED 素材として条件を満たしていることが知られていたが，結晶育成が難しく，実用化が遅れていた．

　1980 年代に日本人研究者が相ついで化学気相成長法（CVD；chemical vapor deposition）による GaN-LED の製造技術を確立し，ついで日本の企業が量産化に成功し，LED が世界的規模で普及した．この技術開発への貢献によって赤﨑勇，天野浩，中村修二の 3 氏に 2014 年ノーベル物理学賞が授与された．

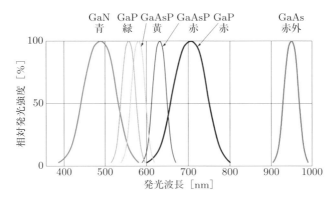

図 9.2　Ga 系 LED の発光スペクトル

　GaN 系 LED は，Ga を含む有機金属ガスの加熱分解反応によってサファイア（酸化アルミニウム結晶）基板上に膜状結晶を析出させる CVD によって製造されている．

　生活空間の照明は白色光が基本であるので，室内用ランプには GaN−LED から放射される青色光を黄系蛍光体に照射して出る，黄色光と青色光を合成した擬似白色光が使われている．蛍光体と組み合わせた擬似白色光 LED 素子の構造を図 9.3 に示す．この光はやや青みがかっており，完全な白色光を得るために，三原色 R（赤），G（緑），B（青）の LED を組み合わせたランプが製造されている．

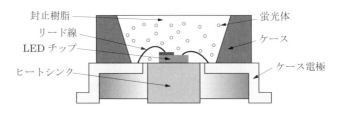

図 9.3　LED ランプの構造

　LED はフィラメントを使用した白熱電球にくらべてはるかに消費電力は少なく，蛍光灯にくらべても低電力の上，寿命が長いので，その生産量は飛躍的に増加している．LED ランプの欠点である高価格は安定化直流電源を内蔵するためであるが，量産効果によって価格は低下する傾向にある．LED の性能の進歩はめざましく，照明や機器の表示灯としてばかりでなく，ビル外壁ディスプレイや交通信号灯にも使用されている．

9.1.3 半導体レーザの作動原理

LEDから発光される光は位相（波の形）がそろっていないため，レンズによって一点に絞りこむことが困難であり，大容量高速通信に使用することができない．光の位相がそろった半導体レーザの登場によって，光通信技術は一気に加速された．

講演会などで講師が使うレーザポインタは万年筆程度の大きさのもので，消費電力は極めて小さい．これには半導体レーザ（LD；laser diode）が使用されている．CDやDVDのデータ書き込みと読み取り，パソコンのマウスにもLDが使われている．

LDがもっとも活躍している分野は光通信である．音声や映像を含めてほとんどの情報は，毎秒10^9回点滅するギガヘルツパルスに変換されて，光ケーブルを使って伝送される．

LEDもLDも半導体のpn接合からの発光を利用する点では同じであるが，LDは波長と位相のそろったレーザ光であることが異なっている．位相がそろった光の状態をコヒーレント（coherent）とよんでいる．コヒーレントなレーザ光を発生させるために，禁制帯幅が広く，pn接合部の屈折率より小さな屈折率をもつ半導体によって接合部を挟みこんで，接合部で発生した伝導電子と光の閉じこめを行う．

LDは，原料ガスを加熱分解して基板上に膜状の結晶を成長させるCVD法によって製造される．半導体に添加する不純物の量を増してゆくと，n型領域では不純物準位から伝導帯へ励起される電子の数が極端に多くなり，金属のような縮退状態になる．

p領域の価電子帯についても，不純物の増加とともに正孔が極端に増えて，価電子帯上部が高密度正孔で占められるため，正孔は縮退状態になる．

縮退とは，異なるエネルギーをもった伝導電子が伝導電子帯に混在している状態，あるいは同様に異なるエネルギーをもつ正孔が，価電子帯に混在している状態を指す用語である．このような電子または正孔の縮退状態を，反転状態とよんでいる．

反転状態のpn接合に光が照射されると，不純物準位から伝導帯に励起された励起電子数に比例する数の電子が，伝導帯から価電子帯に落ちて，正孔と再結合するときに強力な発光が起こる．

この電子と正孔の再結合による素発光の間の相互作用によって，光の位相がそろい，コヒーレントなレーザ光が生成する．このようにして得られるレーザ光は，pn接合に入射する光より強いことから，この現象を光増幅とみなすことができる．

9.1.4 半導体レーザ素子

レーザ光を発振するpn接合部分を活性層とよんでいる．縮退状態の電子や正孔を活性層に閉じこめるために，活性層の両側に大きな禁制帯幅をもつ半導体を接合させたサンドウィッチ構造とする．この構造をヘテロ接合とよんでいる．ヘテロ接合させ

た半導体の屈折率が pn 接合部より低い半導体を選択することによって，活性層から出る光を全反射させることができる．この両側の層をクラッド層とよぶ．クラッド層による光の閉じこめの原理は，光ファイバ（9.3 節参照）と同様である．

　光通信には主に石英ガラス製のファイバが使用されている．石英ガラスの光吸収は波長に大きく依存する．もっとも光吸収係数が小さな波長は 1.3 〜 1.55 μm である．この波長帯は赤外線領域であり，この領域に適した半導体レーザが使用される．代表的な通信用 LD はリン化インジウム（InP）の基板上に In−Ga−As−P の 4 元系化合物結晶膜を育成した素子である．$In_{1-x}Ga_xAs_yP_{1-y}$ で表される複雑な化合物の x と y を調節することによって，波長 1.15 〜 1.65 μm の LD が製造されている．

　レーザープリンタや医療用レーザとして，やや波長の長い 830 nm の InGaAlAs 系レーザが使用されている．この波長は近赤外線領域である．図 9.4 に代表的な GaAlAs レーザチップの断面を示す．LD チップの両端を活性層に垂直に劈開して反射面をつくり，横方向の光を繰り返し反射させ，上下方向の光はクラッド層との境界で全反射させて光の閉じこめを行う．

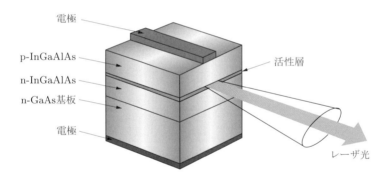

電極
p-InGaAlAs
n-InGaAlAs
n-GaAs基板
電極
活性層
レーザ光

図 9.4 InGaAlAs 半導体レーザの構造

　このような複雑な構造をもつ半導体レーザの製造法について説明する．基本的には GaAs 結晶の基板へ目的の組成を順に形成するもので，エピタキシャル成長とよばれる方法が使用されている．成長層の原子は基板の原子配列にならって成長するので，単結晶膜として成長する．ただし，エピタキシャル成長させたい素材と基板の結晶格子定数の差が大きい場合，歪みを吸収できず，単結晶膜にならない場合がある．

　ガスを原料として単結晶膜を成長させる方法を気相エピタキシャル，溶液または融液から行う方法を液相エピタキシャルとよんでいる．

例題 9.1 つぎの用語を（ ）に入れて，文章を完成させよ．

A：LED　B：化合物半導体　C：pn　D：LD　E：順方向　F：石英ガラス　G：赤外線　H：価電子

▶**問1** 半導体ダイオードに電流を流すと発光する．この現象を利用した発光素子には2種類がある．光の位相がそろっている素子がレーザダイオード（ ① ）であり，位相がそろっていない素子が発光ダイオード（ ② ）である．

▶**問2** 半導体の（ ③ ）接合の（ ④ ）に電界を印加すると，（ ⑤ ）帯から伝導帯に励起された電子が元の（ ⑤ ）帯に落ち込んで，正孔と再結合する．このときに発光する光を利用した素子が（ ② ）である．

▶**問3** 長距離光通信には，（ ⑥ ）製ファイバの光吸収係数がもっとも小さな（ ⑦ ）領域の光が使用されている．この光は，InP の基板上に複雑な組成の（ ⑧ ）を膜状に生成させて製造したレーザダイオードによって発生する．

解答 ①D：LD　②A：LED　③C：pn　④E：順方向　⑤H：価電子　⑥F：石英ガラス　⑦G：赤外線　⑧B：化合物半導体

9.2 受光素子と撮像デバイス

9.2.1 受光素子

　高感度半導体光センサが登場する以前は，受光素子には真空管の一種である光電管が使用されてきた．とくに，微弱な光の検出には光倍増管が使用されてきた．しかし，光電管や光倍増管は寸法が大きく，大きな電力を必要とするので，近年では特殊な用途以外では，受光素子として半導体フォトダイオードとフォトトランジスタが使われている．

　光検出器として，光伝導型，光起電力型，フォトトランジスタを使用した内部増幅型素子が実用化されている．図9.5に3種類の固体受光素子を示す．

(a)　光照射によって電気抵抗が低下する現象を，光伝導とよび，この現象を利用した半導体センサが，街灯や照明自動点滅用光センサとして使用されている．受光センサとして代表的な素材が CdS（硫化カドミウム）である．薄膜状の CdS は，光の照射によって，電気抵抗が 1000 分の1以下に低下する特性をもっている．

(b)　光起電力型受光素子は，pn 接合部に光が当たると起電力が生じる現象を利用するもので，太陽電池の発電と同じ原理を利用するセンサである．この素子の光応答は光伝導型受光素子より速いので，光通信用受光素子として使用されている．受光素子

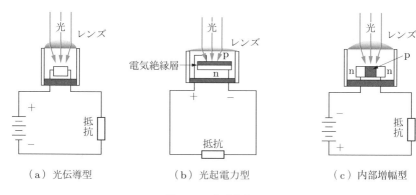

図 9.5 固体受光素子

の応答性を高めるために，Si の pn 接合部に極めて薄い SiO$_2$ の電気絶縁層を入れた pin ダイオードが使用されている．pin の i は insulator（絶縁体）を意味している．

　Si 製 pin ダイオードは，可視光および近赤外線の領域まで使用することができるが，波長が 1.1 μm より長くなると感度が急激に低下する．光通信に多く使用される波長 1.2 〜 1.55 μm の光通信受光素子として，Ge と InGaAs が使用されている．

(c) 内部増幅型素子は，トランジスタの pn 接合部に光を照射して発生する光電流を増幅するもので，フォトトランジスタとよばれている．

　このトランジスタは増幅作用をもっているので，微弱な光を検出することができる．とくに，アバランシェ作用を利用したフォトトランジスタは感度が高い．アバランシェとはなだれという意味で，強電界によって加速された電子が原子に衝突して次々に電子をはじき出す現象であり，これによって大きな電子増幅を行うことができる．代表的な Si アバランシェフォトトランジスタでは，1 個の光電子がアバランシェ効果によって 10^4 倍に増倍され，さらにトランジスタによって増幅される．

9.2.2　撮像デバイス

　微小なフォトダイオードを平面に配置した撮像素子が CCD（charge coupled device；電荷結合デバイス）である．一辺が 3 〜 40 mm の CCD の受光部には 100 万〜数千万個の素子が埋めこまれており，結像された映像は電気信号に変換される．電気信号の増幅によって，微弱信号による映像でも撮像することができるので，CCD を搭載したデジタルカメラやビデオカメラを使って，薄暗いところでも照明を使わないで撮影することができる．

　CCD に組み込むフォトダイオードの数によって映像の解像度が決まる．電気信号をディジタル変換するためには，2 の倍数のフォトダイオードが必要である．2000 年頃には 256 k（約 26 万）個が標準であったが，その後，急速に素子数が増加し，

2015 年には 10 M（1000 万）個以上の撮像素子が標準化されている.

10 mm 角のシリコンチップ表面に 100 万個のフォトダイオードを配置するには,
縦横それぞれ 1000 個並べる必要がある. つまり, 10 μm 間隔にフォトダイオードを
配置する必要がある.

図 9.6 に CCD 受光部の表面の拡大図を示す. フォトダイオードは 1 個 1 個区切られ,
光が隣に漏れないようアルミニウム製の壁で区切られている. 壁の部分に当たる光が
中心のフォトダイオードに集中するように, 直径 10 μm のレンズが設置されている.
このレンズは, 表面に微細な凹凸を加工した金型に, 軟化させた透明プラスチックを
押しつけて製作する. フォトダイオードと同じ数のレンズがつながったプラスチック
板が, 受光部に取りつけられている.

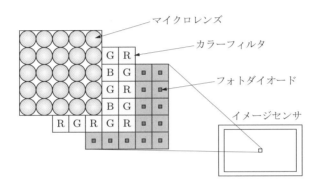

図 9.6 CCD 受光センサ表面の構造

CCD の特徴は, フォトダイオードと同じ数のコンデンサが組み合わされている点
である. カラー映像の場合, フィルタによって光が 3 成分に分解され, 入射画像が個々
の点情報として CCD のダイオードで検出される. 一定時間内での光の強弱を積分し
た電気量が微小コンデンサに蓄積され, 動画の場合, 1/60 秒ごとにコンデンサに溜
まった電気量を読み取って, 蓄積された光量を読み取る.

最近では, CMOS（complementary metal-oxide semiconductor）とよばれるフォ
トダイオードを使った固体撮像素子が普及している. 従来型の CCD は基板のシリコ
ンをコンデンサとして利用するのに対して, CMOS は, p 型と n 型シリコンの間の
絶縁体層に電荷を蓄えるもので, CCD より感度が高く, 容易にディジタル信号に変
換することができる. このため, CMOS 型の撮像素子が主流になっている. スマー
トフォンの撮像素子に CMOS 型が使用されており, 最近ではこれを含めて撮像素子
全般を CCD とよぶことがある.

例題 9.2 つぎの用語を（　）に入れて，文章を完成させよ．

A：起電力　B：ゲルマニウム　C：太陽電池　D：CCD　E：フォト　F：pn
G：赤外線

▶ **問1** 光起電力型受光素子は（　①　）接合部に光が当たると，（　②　）が生じる
現象を利用するもので，（　③　）の発電と同じ原理を利用している．

▶ **問2** 可視光線より波長が長い（　④　）を使用する長距離光通信の受光素子とし
て，（　⑤　）と InGaAs が使用されている．

▶ **問3** デジタルカメラに使用されている撮像デバイスが（　⑥　）である．これは
微細な（　⑦　）ダイオードを平面に配置したものである．

解答 ①F：pn　②A：起電力　③C：太陽電池　④G：赤外線　⑤B：ゲルマニウ
ム　⑥D：CCD　⑦E：フォト

9.3　光伝送ファイバ

光伝送ファイバにはプラスチック製や低融点多成分ガラス製もあるが，ここでは長
距離通信に使われている石英ガラス製についてくわしく述べる．

9.3.1　石英ガラスファイバ

光ファイバ材料は透明度の高い物質でなければならない．図 9.7 に，水と各種ガラ
スに光を通過させたときの強さが 50% 減衰する距離を示す．建物の窓に使用される
ソーダガラスは 15 cm であるのに対して，石英ガラスは 15 km であり，光吸収がい
かに少ないかがわかる．物質の透明度は光の波長に大きく依存する．図に示した数値
は波長約 1 µm の近赤外線に対するもので，短波長領域での透明性ははるかに劣る．

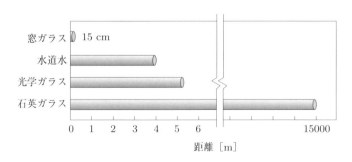

図 9.7　各種透明材料の光吸収，光の強さが半分になる距離

光通信用ガラスの場合，使用する光波長に対して有効な材料を選択する必要がある．

実用的にもっとも優れた長距離光通信材料は石英ガラスである．石英ガラスの成分は二酸化ケイ素であり，長距離光通信にはこの材料の光減衰がもっとも小さな波長 $1.5\,\mu\text{m}$ 程度の光が使用されている．$1.5\,\mu\text{m}$ の光は近赤外線であり，肉眼では見ることができない．

石英ガラスの軟化温度は 1670℃ であり，高温が必要なため加工は容易ではない．約 100℃ で成形ができる透明な素材はアクリル樹脂の一種である PMMA であり，短距離光伝送ファイバとして使用されている．このプラスチックファイバは曲げることができ，接続が容易なので，建物内部の通信などに使用されている．

加工が比較的容易な低融点多成分ガラス製ファイバは短距離光伝送に使われる一方，胃カメラや機械内部の検査に使用されている．これはファイバを数万本束ねて，端面を研磨して光学系と組み合わせたものである．

図 9.8 に画像を伝達するイメージガイドケーブルの概念図を示す．

図 9.8 イメージガイドケーブル

代表的な長距離光通信用石英ガラスファイバの直径は約 $120\,\mu\text{m}$ である．このファイバは二重構造をもっている．中心部をコア（core），外周部をクラッド（clad）とよび，コアの光屈折率がクラッドより 1% 程度高くなるように製造されている．長距離光通信用石英ガラスファイバの断面を図 9.9 に示す．

コアに入射した光は，直進してクラッドとの境界に到達する．入射光とクラッド面との角度が臨界値以下であれば，境界ですべての光が反射する．このことを全反射とよんでいる．

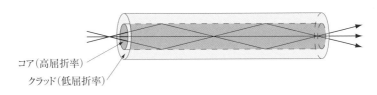

図 9.9 石英ガラスファイバの構造

　臨界角の大きさは，コアとクラッドの屈折率の差に依存する．コアの石英ガラスの屈折率が 1.5 であり，クラッドの屈折率がそれより 1% 小さければ，臨界角は約 82° である．つまり，このような光ファイバでは，端面から立体角 16° 以内で入射された光はすべて全反射を繰り返して，コアの中を伝播する．これが光閉じこめの原理である．

　標準的な光ファイバの減衰率は 1 km あたり約 0.2 dB（デシベル）であり，この値は，光を 15 km 伝播させると半分に減衰することを意味している．この減衰の原因としてファイバの材質そのものに依存する要素と，製造による要素がある．前者の主なものがレーリ散乱である．この散乱はガラス中の原子の熱振動のゆらぎによるものであり，避けることはできない．

　製造による光減衰の原因として不純物元素によるものがある．鉄などの遷移金属元素は ppb（10^{-9}）程度の微量のものでも，減衰率に大きな影響を与えるので，とくに遷移金属元素の混入には注意しなければならない．つぎに大きな影響を与えるものが OH（水酸）基である．OH 基の格子振動は近赤外線領域の吸収としてあらわれる．図 9.10 に OH 基が光吸収に及ぼす効果を示す．この図からわかるように，極めてわずかな OH 基の存在が，光ファイバの性能に決定的な影響を与えている．

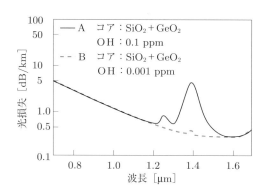

図 9.10　石英ガラス中の OH 基と光吸収

9.3.2　ファイバの製造

（1）高純度石英ガラスの合成

　石英は SiO_2（二酸化ケイ素）の成分をもつ結晶質の物質である．この単結晶が水晶（quartz，クオーツ）であり，多結晶体がケイ石やケイ砂である．SiO_2 は 1610℃ で溶融する物質であり，これを溶融して凝固するとガラスになる．ガラスは非結晶質であり，シリコンと酸素原子の短い鎖が不規則にからみあった構造をもっている．

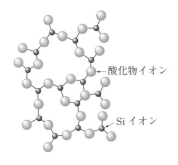

図9.11 石英ガラス中の原子分布

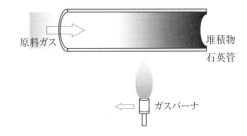

図9.12 CVD 法による光ファイバの製造

石英ガラス中の原子分布を図 9.11 に示す．図中の青い大球は酸化物イオン，黒い小球は Si イオンを示す．Si イオンから四つの結合腕が三次元的に伸びているが，図では三つのみを示している．

光通信用ファイバ製造のためには，極端に純度の高い石英ガラスが必要である．透明度の高い水晶は純度が高いように思えるが多くの不純物を含んでおり，そのままでは光ファイバの原料とすることができない．

まず，ケイ砂（SiO_2）を還元して金属シリコンをつくり，つぎにこれと塩酸を反応させて $SiCl_4$（四塩化ケイ素）を合成する．この物質は沸点 58℃の液体であり，蒸発凝縮を繰り返すことによって純度を高めることができる．

高純度 $SiCl_4$ の蒸気と酸素を混ぜて高温で反応させることによって，高純度石英ガラスを合成することができる．この際に排出される塩素は，原料ガスに水素を添加して HCl（塩化水素）として取り除く．いったん生成した HCl は，石英ガラスに入りづらい特性をもっているので都合がよい．このように，化学反応を伴う気相からの固相の析出を，CVD（chemical vapor deposition）とよぶ．

（2）コアとクラッドの製造

コアとクラッドの二重構造をもつファイバの代表的な製造方法について説明する．これは上記の合成法を利用した方法である．

十分に精製したケイ砂を，高温の酸水素炎中に落下させて溶融凝固させるベルヌイ法によって石英ガラス棒を製造し，これから直径 50 mm 程度のパイプを製造する．これが外側のクラッドになる部分である．

図 9.12 に示すように，石英ガラス製パイプに $SiCl_4$ と酸素，水素の混合ガスを流しながら，ガスバーナで外側から加熱する．パイプ内では SiO_2 と HCl が生成する．SiO_2 は白いすす状でパイプの内側に付着する．これをスートとよんでいる．適当な量のスートがついたところでパイプをさらに加熱すると，溶融軟化してパイプの径は細くなり，最終的にはすすの部分が透明なガラスに変化する．このプロセスを中実化

とよんでいる．この中心部分がコアになる．

　コアの部分はクラッドにくらべて 0.2 ～ 1.0% 程度屈折率を高める必要がある．屈折率を高めるために，ガラスの密度（比重）を高めることが必要である．透明度を低下させることなく密度を高める方法が，酸化ゲルマニウム（GeO_2）や無水リン酸（P_2O_5）を添加させることである．これらの添加はガス状の $GeCl_4$ や PCl_5 を原料ガスに混合して行う．

（3）ファイバの線引き

　このようにして製造された二重構造をもつ石英ガラス棒は直径 20 ～ 30 mm のもので，これを先端から溶融させてファイバ状に線引きする．図 9.13 に示すように，線引きは自動的に行うことができる．ファイバの径を光学的に測定しながら溶融部分の温度，線引きの速さを自動制御することによって，ファイバの径を一定に保つことができる．

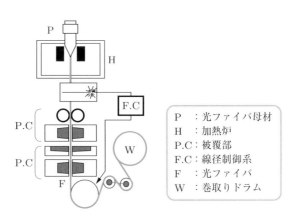

図 9.13　光ファイバの線引き

　ファイバの直径は 120 μm 程度であり，長さ 1 km の重量はわずか約 30 g である．したがって，1 本の原料ロッドから 100 km 以上のファイバを連続的に製造することができる．ガラスファイバの中に 1 箇所でも欠陥があれば，使用することができなくなる．線引きされたファイバにプラスチックコーティングを行い，光ケーブルとして完成させる．

9.3.3　ファイバによる通信とファイバ製造の歴史

　光通信は点滅するパルス信号によって行う．ファイバの中心を直進する光とクラッドで反射を繰り返す光の走行距離が異なるために，パルス信号の形が変形する．

パルス信号の整形を行うために約 100 km ごとに光信号中継器が設置されている. この中継器にはファイバとの接続部分の光反射による信号ノイズをカットする目的で, 光アイソレータが組み込まれている.

光ファイバの損失を少なくすることによって, 中継器間の距離を延ばすことができる. しかし, ファイバ中心部を直行する光と, コア–クラッド境界で全反射を繰り返して進行する光の走行距離の差は, 距離が長くなるほど大きくなり, 信号のパルス波形が崩れるので, 中継なしで伝播できる距離には限界がある. 変形したパルス波形を整形するためにも, 中継器が必要である.

以上述べた石英ガラスファイバの製造方法は 1970 年, アメリカのコーニング社が発明した方法である. この発明は無添加石英ガラス管の内側に Ge を添加した石英ガラスを生成させ, 二重構造のファイバを製造する方法であった.

日本の企業は, Ge を添加した石英ガラスの丸棒の外側に無添加石英ガラスを付着させて, 二重構造をもつ光ファイバを製造する方法を開発したが, この方法はアメリカで特許を成立させることができなかった.

当時の日本電信電話公社(現在の NTT)は, 垂直に吊り下げた石英ガラス円柱の下面に, 原料化合物を含んだ酸素と水素の燃焼ガスを吹きつけて, 中心部の Ge 濃度が高い石英ガラスの丸棒を成長させる方法を開発した. 円盤状のガスノズルにはたくさんの孔があって, 中心部の孔から Ge を添加した四塩化ケイ素と酸素・水素の混合ガスを吹き出し, 外側の孔からは無添加ガスを吹き出す方法である. この方法は新規製造技術として特許が成立した.

現在ではすべての特許の有効期限が過ぎており, 製造を規制するものがなくなったので, 世界中で上に述べた三つの方法によって石英ガラスケーブルの製造が行われている.

例題 9.3 つぎの用語を(　)に入れて, 文章を完成させよ.

> **A**：コア　**B**：屈折率　**C**：0.12　**D**：0.2　**E**：1　**F**：15　**G**：30　**H**：溶融　**I**：格子振動　**J**：近赤外線　**K**：OH

▶ **問 1** 代表的な長距離通信用光ファイバの直径は約(　①　)mm であり, 断面は二重構造をもっている. 中心部が(　②　)であり, 外周部がクラッドである. 中心部の光の(　③　)が外周部より約(　④　)% 高くなるよう製造されている.

▶ **問 2** 標準的な光ファイバの減衰率は(　⑤　)dB/km である. この数値は, (　⑥　)km 伝播させると, 光の強さが半分になることを意味している.

▶ **問 3**　石英ガラスファイバに水酸基（　⑦　）が混入すると，（　⑧　）領域の光の吸収が生じて，光ファイバの性能が劣化する．この現象は水酸基の（　⑨　）によるものである．

▶ **問 4**　石英ガラスファイバの製造は，中心部の屈折率が高い二重構造の丸棒を先端から（　⑩　）させて線引きする．直径 120 μm の石英ガラスファイバは，長さ 1 km あたりわずか（　⑪　）g であり，1 本の原料ロッドから 100 km 以上のファイバを連続的に製造することができる．

解答　①**C**：0.12　②**A**：コア　③**B**：屈折率　④**E**：1　⑤**D**：0.2　⑥**F**：15　⑦**K**：OH　⑧**J**：近赤外線　⑨**I**：格子振動　⑩**H**：溶融　⑪**G**：30

9.4　大出力レーザ

9.4.1　固体レーザ

　1960 年，メイマンによる最初のレーザ光発振の実験が行われた．一辺が 10 mm のルビー立方体の対向する 2 面を銀メッキして，ほかの面からフラッシュランプによって強い光を入射させた．ルビーは Al_2O_3（酸化アルミニウム）の Al 原子の一部を Cr 原子に置き換えた単結晶である．外部の強い光によって Cr^{3+} の 3d 電子が励起され，元の状態に戻るときに蛍光を発する．対向する鏡によって蛍光の反射を繰り返し，励起電子の数が熱平衡状態の数を超えると，レーザ発振が引き起こされる．

　現在では，ルビーのほかにも多くのレーザ材料が開発されている．工業的に利用されている主な固体レーザ材料は YAG である．半導体レーザは情報通信機器や医療機器部品として発展したが，近年では大出力レーザ素子としての進歩が著しい．

　YAG は $Y_3Al_5O_{12}$（イットリウムとアルミニウムの酸化物からなるガーネット構造の結晶）に Nd（ネオジム）を添加した結晶である．YAG は，ルビーにくらべて比較的弱い光によって連続レーザ光発振を行うことができるので，半導体の微細加工や材料の表面処理に利用されている．図 9.14 に YAG レーザの配置図を示す．

　図に示すように，楕円反射鏡内の二つの焦点位置に，YAG レーザロッドと励起用ランプを配置する．YAG に含まれる Nd^{3+} の電子が励起されて発する蛍光が反射を繰り返し，励起電子の数がある値を超えるとレーザ発振が開始する．YAG レーザ光の波長は 1.064 μm である．

　YAG 結晶は溶融原料に種結晶をつけ，回転させながら引き上げる引き上げ法（チョクラルスキー法）によって製造される．YAG の融点は 1950℃ であり，Ir（イリジウム）製のるつぼが使用されている．YAG 結晶中の酸素イオンのつくる十二面体に，イオ

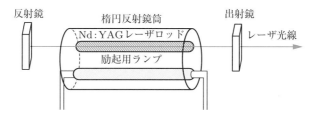

反射鏡　楕円反射鏡筒　出射鏡

Nd:YAGレーザロッド　レーザ光線

励起用ランプ

図 9.14　YAG ロッド型レーザの配置図

ン半径が 0.1015 nm の Y^{3+} が入っている．Y^{3+} の入っている位置に，イオン半径が 0.112 nm の Nd^{3+} が入り込むので，結晶格子が歪む．このことによる結晶のひび割れ防止のために，Nd^{3+} を添加した YAG 結晶育成は，無添加結晶の 10 分の 1 の速度である約 0.5 mm/h の速度でゆっくりと行われる．直径 60 mm，長さ 200 mm の結晶引き上げに数週間の長時間を必要とする．

　長い間，固体レーザ発振素子は単結晶のみと考えられてきたが，2003 年，大阪大学・神 島化学（株）・（公財）レーザー技術総合研究所のグループは，粉体原料を焼結した多結晶体 YAG のレーザ発振に成功した．これは常識を破る驚くべき快挙であった．

　一般に透明な単結晶であっても，多結晶体では透明度が低下する．レーザ発振素子として使用するためには，単結晶に匹敵する透明性が必要である．粉体原料と焼結方法の工夫によって，レーザ発振素子として Nd^{3+} と Cr^{3+} を添加した多結晶体 YAG の実用化が進んでいる．

9.4.2　ガスレーザ

　レーザは固体に限らず，気体や液体を媒体として発光させることができる．原理は固体レーザ発光と同じく，媒体中の特定分子に高いエネルギーを与えて，励起させ，反転状態をつくり，発光させる．とくに気体は密度が低いため，発光させる特定分子の単位体積あたりの数が少ない．そこで，レーザの出力を上げるために気体の圧力を高くすることや，大型化して出力を高めることが行われている．

　産業用として，大型 CO_2（二酸化炭素）レーザが鋼材の切断や溶接用に普及している．また，小出力 CO_2 レーザがしみやあざを取り除くための医療用として使用されている．表 9.2 に，代表的なガスレーザの特性を示す．

表9.2　ガスレーザ

種類	波長 [μm]	出力	効率 [%]	応用分野
He-Ne	0.633	10 mW	～1	計測，ディスプレイ
Ar	0.514	10 W	～0.1	計測，機械加工
	0.488			
CO_2	10.6	20 kW	～20	溶接，機械加工

例題 9.4　つぎの用語を（　）に入れて，文章を完成させよ．

A：単結晶　B：気体　C：ルビー　D：Nd　E：CO_2　F：Cr

▶**問1**　最初のレーザ光発振は，（　①　）を使って行われた．（　①　）は酸化アルミニウムの Al 原子の一部を（　②　）原子に置き換えた（　③　）である．

▶**問2**　YAG は $Y_3Al_5O_{12}$（イットリウムとアルミニウムの酸化物からなるガーネット構造の結晶）に（　④　）を添加した（　③　）である．YAG は（　①　）にくらべて弱い光によって連続レーザ光発振を行うことができるので，加工や表面処理に利用されている．

▶**問3**　固体に限らず，（　⑤　）や液体を媒体としてレーザ発振をさせることができる．とくに（　⑤　）は密度が低いため，レーザの出力を上げるために（　⑤　）の圧力を高くすることや，大型化して出力を高めることが行われている．工業的に利用されている代表的な（　⑤　）レーザは（　⑥　）レーザである．

解答　①C：ルビー　②F：Cr　③A：単結晶　④D：Nd　⑤B：気体　⑥E：CO_2

9.5　光学結晶材料

9.5.1　非線形光学結晶

　強い光と物質との相互作用によって，入射光と異なった波長の光が発生する現象を非線形効果とよぶ．入射光の半分の波長の光発生が第2次高調波発生である．たとえば YAG レーザ光の波長は 1.064 μm である．この波長は赤外線であって，肉眼では見えない．一方，この光線の第2次高調波は波長 533 nm，緑色である．

　レーザ光による LSI の微細パターンの書き込みは，波長が短いほど緻密化が可能であるので，YAG レーザ光の第2次高調波が使用されている．第2次高調波発生結晶として，KTP（$KTiOPO_4$），BBO（$\beta\text{-}BaB_2O_4$），LBO（LiB_3O_5）が使用されている．

9.5.2 光アイソレータ

光通信では減衰した光を増幅する必要があるため，光通信ケーブルには50～100 km おきに光増幅器が接続されている．また，光回路の接続部でわずかでも反射が起こると，反射光が光源のLD（半導体レーザ）に戻り，レーザ発振を不安定化させて，光信号を劣化する原因となる．これを防ぐために，光回路にはアイソレータを挿入する．

光アイソレータは光磁気効果を利用した素子である．光アイソレータの原理を図9.15に示す．まず，光信号を偏光フィルタに通過させて直線偏光に変える．透明な結晶アイソレータには永久磁石によって磁界が印加されている．ファラデー効果によって，偏光の偏波面が磁界強度に比例して回転する．この回転角度に合わせた偏光フィルタを結晶の出口において，回転した偏向のみを通過させる．

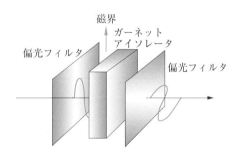

図 9.15 光アイソレータの作動原理

光通信用アイソレータ素子として，YIGのYをYb，Tb，Biで置換したガーネット型構造の酸化物結晶が使用されている．この結晶は液相エピタキシャル法（LPE）によって製造されている．このLPEでは，ガーネット成分のYb_2O_3，Tb_2O_3，Bi_2O_3，Fe_2O_3を低融点フラックスの酸化鉛（PbO）と酸化ビスマス（Bi_2O_3）と混合して，1000℃で溶融した後，飽和温度以下の温度を保つ．GGG（ガドリニウム・ガリウム・ガーネット）基板をこの過飽和融液に浸けて，基板上に膜状結晶を析出させて，アイソレータ素子とする．

> **例題 9.5** つぎの用語を（ ）に入れて，文章を完成させよ．
>
> **A**：アイソレータ　**B**：反射　**C**：LD　**D**：ガーネット　**E**：光増幅器

光ケーブルには 50 〜 100 km おきに（ ① ）が接続されている．この接続部で
わずかでも光の（ ② ）が起こると，（ ② ）光が光源の（ ③ ）に戻り，レーザ
発振を不安定化させる．これを防ぐために光回路には光（ ④ ）を挿入する．
（ ④ ）には（ ⑤ ）型構造の酸化物単結晶が使用されている．

解答 ①E：光増幅器 ②B：反射 ③C：LD ④A：アイソレータ ⑤D：ガーネット

───────────── 演習問題 ─────────────

問題9.1節 つぎの用語を（ ① ）〜（ ⑤ ）に入れて，文章を完成させよ．

A：窒化ガリウム B：石英ガラス C：半導体レーザ D：位相 E：発光ダイオード

▶**問1** pn 接合に電界を印加すると強い発光が起こる半導体素子を LED（ ① ）とよぶ．
青色の LED は（ ② ）が使われている．このダイオードは原料ガスを加熱分解して基板
に（ ② ）膜を生成させる方法によって製造されている．このガスを使った製造方法を
CVD 法とよんでいる．

▶**問2** LED から発光される光は（ ③ ）がそろっていないため，大容量高速光通信に使
用することができない．光の（ ③ ）がそろった（ ④ ）の登場によって，光通信技術
は一気に加速された．長距離光通信には（ ⑤ ）製ファイバが使用されている．

問題9.2節 つぎの用語を（ ① ）〜（ ⑩ ）に入れて，文章を完成させよ．

A：トランジスタ B：フォトトランジスタ C：CCD D：CMOS E：pn F：増
幅 G：10 H：1000 I：パルス信号 J：二酸化ケイ素

▶**問3** 光起電力型受光素子が（ ① ）受光素子として使用されている．光起電力型受光素
子のシリコン（ ② ）接合の間に，薄い（ ③ ）の電気絶縁層を入れた pin ダイオード
の光応答性は非常に速い．

▶**問4** 内部増幅型素子とよばれる光検出素子は（ ④ ）の（ ② ）接合部に光を照射して，
発生する光電流を（ ⑤ ）するもので，（ ⑥ ）とよばれている．

▶**問5** 一辺が 10 mm の正方形のシリコンチップの上に，100 万個のフォトダイオードを
規則的に配列するには，縦横それぞれ（ ⑦ ）個並べる必要がある．そのためには
（ ⑧ ）μm 間隔で配置する必要がある．

▶ **問6** p型とn型のシリコンの間に，電気絶縁層を設けた光検出素子を平面上に配置した撮像デバイスは（ ⑨ ）とよばれ，従来の（ ⑩ ）より感度が高いので，スマートフォンの撮像素子として製造されている．

問題9.3節 つぎの用語を（ ① ）～（ ⑬ ）に入れて，文章を完成させよ．

> **A**：1.5 **B**：クラッド **C**：コア **D**：パルス **E**：変形 **F**：近赤外線 **G**：遷移金属 **H**：酸化ゲルマニウム **I**：中継器 **J**：全反射 **K**：臨界角 **L**：二酸化ケイ素 **M**：鉄

▶ **問7** 長距離光通信に使用されているファイバは石英ガラス製である．石英ガラスの成分は（ ① ）である．このファイバを使った通信は，この材料の光減衰がもっとも低い波長（ ② ）μm 程度の光が使用される．この光は（ ③ ）とよばれる領域のもので，肉眼では見ることができない．

▶ **問8** 長距離光ファイバの中心部の（ ④ ）に入射した光は，外周部の（ ⑤ ）との境界で反射する．入射角度が（ ⑥ ）以下であれば，境界ですべての光が反射する．この現象を（ ⑦ ）とよんでいる．

▶ **問9** 石英ガラスファイバの光減衰の大きな要因は，混入した不純物元素である．とくに，（ ⑧ ）などの（ ⑨ ）元素が極めて微量でも混入すると，減衰に大きな影響を与える．

▶ **問10** 石英ガラスファイバの中心部の屈折率を高めるために，石英ガラスに（ ⑩ ）や無水リン酸を添加する．

▶ **問11** 光通信は点滅する（ ⑪ ）信号によって行う．光信号がファイバの中を長距離進むにつれて，（ ⑪ ）信号の形が（ ⑫ ）するので，50 ～ 100 km ごとに（ ⑪ ）信号の整形と増幅を行うために（ ⑬ ）が設置されている．

問題9.4～9.5節 つぎの用語を（ ① ）～（ ⑩ ）に入れて，文章を完成させよ．

> **A**：接続部 **B**：アイソレータ **C**：ルビー **D**：半分 **E**：イットリウム **F**：クロム **G**：YAG **H**：短い **I**：反射 **J**：弱い光

▶ **問12** 最初にレーザ発振に成功した素子は（ ① ）である．（ ① ）は酸化アルミニウムのアルミニウム原子の一部を（ ② ）原子に置き換えた単結晶である．

▶ **問13** （ ③ ）レーザは Nd（ネオジム）を $Y_3Al_5O_{12}$ に添加した結晶を使って，比較的（ ④ ）によって連続レーザ光発振を行うことができる．

▶ **問14** レーザ光による LSI の微細回路パターンの書き込みは，光の波長が（ ⑤ ）ほど緻密化が可能であるので，レーザ光波長を（ ⑥ ）に変換できる第2次高調波発生器が使用されている．

▶**問15** 光回路の（ ⑦ ）で光信号の（ ⑧ ）を防止するために（ ⑨ ）を挿入する．光通信用（ ⑨ ）として，YAG の Y（ ⑩ ）の一部を Yb や Tb，Bi 元素で置き換えた酸化物結晶が使用されている．

第10章
ディスプレイと光記録

パソコンの映像表示に液晶ディスプレイが使われている．液晶は結晶と液体の中間の性質をもった物質のことである．液晶ディスプレイはパソコンをはじめ，テレビ，スマートフォン等のディスプレイとして主力になっている．

一方，プラズマディスプレイとよばれる方式の薄型テレビが，液晶と市場をめぐって競争した時代があった．この方式は微小な蛍光灯を画面全体に敷きつめたような構造をもっており，画面が極めて明るいので，特殊な用途に限定して製造が行われている．

本章では，液晶ディスプレイとプラズマディスプレイの作動原理，さらには，躍進著しい有機ディスプレイ，光学式の記録媒体として CD，DVD，BD についても述べる．

10.1　液晶ディスプレイ

10.1.1　液晶ディスプレイとその原理

液晶（LC ; liquid crystal）を使って映像を表示するディスプレイの初めての試作が，1968 年アメリカ RCA の研究所で行われた．このディスプレイの表示方式は，現在主流となっているものとはまったく異なる方式によるものであったが，液晶を使って画面の表示ができることがわかったことによって，液晶ディスプレイの研究が一気に加速された．

1970 年代前半には，アメリカと日本で腕時計と電卓の文字の表示盤として，液晶ディスプレイが商品化された．これは，灰色の画面に黒の単純なパターンを表示するものであった．1975 年頃には液晶テレビの試作品が日本の企業から発表された．しかし，画面はモノクロ（黒白）であり，カラーテレビになるまでにはさらに 20 年を要した．

液晶とは，結晶と液体の中間の性質をもった物質のことで，棒状分子が液体の中で弱い相互作用によって配向したものである．代表的な液晶の例として，炭素，チッ素，水素の棒状化合物の一種であるペンチルシアノビフェニルを挙げることができる．

図 10.1 に示すように，棒状分子がおおむね一方向に配列した液晶をネマティック，層状に配列したものをスメクティックとよんでいる．多くのネマティック液晶は，温度を低下させるとスメクティックに転移する．

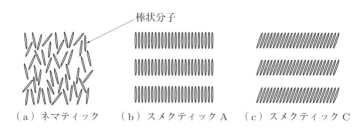

（a）ネマティック　　（b）スメクティック A　　（c）スメクティック C

図 10.1　ネマティックとスメクティック液晶

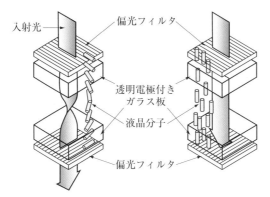

（a）電極間に電界を印加する前　　（b）電界を印加した後

図 10.2　液晶ディスプレイの作動原理

　ネマティック液晶を，狭い隙間をもつ 2 枚のガラス板の間に閉じこめると，棒状分子がガラス板に平行に並ぶ．液晶ディスプレイに使用するためには，棒状分子を図10.2（a）に示すような，らせん階段状に配列させる必要がある．この階段の上下方向に光を通過させると，光はこれに沿って回転する．ただし，すべての光が回転するわけではなく，波長と分子間の距離の関係が特定の条件を満たす場合に限られる．

　光は，進行方向と直角に振動しながら進行する横波である．偏光フィルタに自然光を入射すると，特定の方向に振動する横波のみが通過する．このように，特定方向の振動成分をもつ横波を，直線偏光波とよぶ．直線偏光波を液晶のらせん配列に沿って回転させることができる．

　液晶ディスプレイに使用されている偏光フィルタは，微細な平行線パターンが印刷された薄いプラスチック膜である．2 枚の薄いガラスの間に液晶が充填され，それぞれのガラスの外側に偏光フィルタが接着されている．2 枚の偏光フィルタの偏光方向が直角に配置されているために，1 枚の偏光フィルタを通過した光は，もう 1 枚を通過することができない．

　2枚のガラスの間に液晶を充填しただけでは，棒状分子はらせん状に並ばない．ガラスの内側に高分子膜を付着させて，膜の表面を布で一方向にこすりつけると一方向に微細な傷がつく．すると，膜に接する液晶の棒状分子は傷の方向に並ぶ．棒状分子どうしが平行に配列する力が働くので，液晶分子全体が傷の方向に配列する．

　反対側のガラス内側の高分子膜にも，偏光フィルタの偏光方向に微細な傷をつける．このガラス2枚の偏光方向が直角になるように配置すると，図10.2 (a) に示すように，膜面に接した棒状分子は傷方向に並び，中間部分は徐々に回転してらせん状に配列する．棒状分子どうしの間隔をピッチとよぶ．このピッチが光の波長にくらべて小さいとき，偏光波は液晶分子のらせんに沿って曲がる．

　可視光の波長は約 $0.4 \sim 0.72 \, \mu m$ である．液晶ディスプレイのガラス板間隔は数 μm から $10 \, \mu m$ 程度に設定されており，らせん状に配列した液晶分子のピッチは可視光の波長よりはるかに小さい．

　このような小さな間隔でガラス板を平行に保つために，図10.3 に示すように，透光性ビーズをガラス板の間に封入する．ビーズの素材として石英ガラス，高分子等さまざまな透明素材が使用されている．

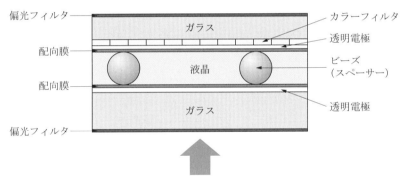

図10.3 液晶ディスプレイの断面

10.1.2　液晶ディスプレイによる映像の表示

　偏光フィルタを直角方向に貼りつけたガラスの間に液晶を封入しただけでは，映像を表示することができない．入射した光は液晶のらせん階段に沿って回転して，反対側のフィルタをすり抜ける．フィルタを通過した直線偏光だけが，目に届く光になる．したがって，自然光の大部分はフィルタを通過することができない．

　光源からのわずかな光しか利用することができないので，液晶ディスプレイには強力な光源を使用しなければならないという難点がある．それでも，液晶テレビの消費

電力は，発光ダイオードのような省エネルギー型の光源の進歩によって，一層低減する傾向がある．

画面に映像を表示するために，らせん状に配列した液晶分子に電界を印加してらせん構造を変化させることが必要である．電界を印加すると，棒状分子が電界方向に並んで，光の回転が起こらなくなる．このことによって，入射光は出口のフィルタを通過できなくなり，画面は暗くなる（図 10.2 (b)）．液晶にかける電界の強弱によって，透過する光量を変化させることができる．

画面上に映像をつくり出すには，画面をできるだけ小さく分割して，それぞれに透明電極をつけることが必要である．現在，実用化されている透明電極は ITO である．ITO は In（インジウム）と Sn（スズ，tin）の Oxide（酸化物）である．この成分の頭文字をとって，ITO（アイ・ティー・オー）とよばれている．ITO については 10.4 節で詳しく述べる．

画面上に ITO のパターンを精密に焼きつける必要がある．この技術には，半導体へ電極や回路を焼きつける微細加工技術が応用されている．

液晶画面の厚さ方向一組の電極で構成される要素を画素とよんでいる．カラー表示は，光の三原色である R（赤），G（緑），B（青）の画素からなっている．

液晶ディスプレイの光源として，小型の蛍光灯や発光ダイオードが使用され，画面の後ろから照射することからバックライトとよばれている．カラーディスプレイは，光フィルタによって分けた R，G，B の単色光を組み合わせて，目的の色を合成する．

液晶ディスプレイの画素は，数 μm ～ 10 μm の厚さがあるため，画面垂直方向からの映像は鮮明であるが，斜めからでは黒っぽい画面に変わる．液晶ディスプレイの各メーカーは，少しでも広い角度からテレビ画面が鑑賞できるような技術開発を行っている．

IGZO は液晶パネルに取りつけられている酸化物トランジスタの物質名である．成分は In（インジウム），Ga（ガリウム），Zn（亜鉛）および O（酸素）で構成されているので，それぞれの元素の頭文字から IGZO（イグゾー）とよばれている．1985 年科学技術庁無機材質研究所（現在，物質・材料研究開発機構）の君塚昇は，世界で初めて IGZO の単結晶合成に成功し，結晶構造を明らかにした．1995 年東京工業大学の細野秀雄は，IGZO が透明アモルファス酸化物半導体としてトランジスタ素材になりうることを理論的に予測し，2004 年に実証した．

図 10.4 に示すように，液晶パネルの液晶層が接触する裏側には，微細なシリコン製のトランジスタが多数埋めこまれている．このトランジスタは薄膜トランジスタ（TFT ; thin film transistor）とよばれ，この数が画素数であり，多ければ多いほど，繊細な映像を映し出すことができる．カラー液晶ディスプレイは，パネルの裏側から

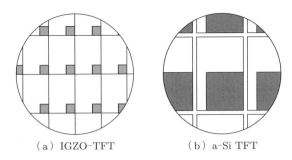

（a）IGZO-TFT　　　　（b）a-Si TFT

図10.4 液晶パネルに取りつけられた TFT（薄膜トランジスタ）．（a）の IGZO-TFT は，（b）の a-Si（アモルファス Si）TFT にくらべて小さく，透光性が高いので，より少ないバックライト光量で作動させることができる

白色光を照射し，三原色のフィルタを使用して発色させるものであり，不透明なシリコン製トランジスタの隙間からの光量では不十分であったので，透明なトランジスタの登場が望まれていた．

　透明な IGZO はシリコン製 TFT にくらべて 10 倍以上の速さで電子が移動するので，小型化することができる．また，電圧をかけないときのリーク（漏れ）電流がはるかに小さいので，液晶ディスプレイの消費電力を 5 分の 1 から 10 分の 1 に低下させることができる．まずは，スマートフォンの液晶 TFT として利用され，テレビモニター用に普及しつつある．

例題 10.1　　つぎの用語を（　）に入れて，文章を完成させよ．

A：プラズマ　**B**：回転　**C**：液晶　**D**：透明　**E**：棒状　**F**：偏光　**G**：小さい
H：らせん　**I**：ITO

▶ **問 1**　薄型テレビに代表されるディスプレイには，（　①　）を使用する方式と（　②　）を使用する方式がある．

▶ **問 2**　液晶ディスプレイの中の（　③　）分子は（　④　）状に回転して配列している．（　④　）状に配列した分子の間隔が，入射する（　⑤　）の波長にくらべて（　⑥　）とき，（　⑤　）は液晶分子の（　④　）に沿って（　⑦　）する．

▶ **問 3**　液晶ディスプレイの映像をつくるためには，画面を小さく分割して，それぞれに（　⑧　）電極をつけることが必要である．この電極には（　⑨　）が使用されている．

解答 ①**C**：液晶（または **A**：プラズマ）　②**A**：プラズマ（または **C**：液晶）　③**E**：棒状　④**H**：らせん　⑤**F**：偏光　⑥**G**：小さい　⑦**B**：回転　⑧**D**：透明　⑨**I**：ITO

10.2　プラズマディスプレイ

　プラズマディスプレイ方式の薄型テレビの生産はすでに終了している．しかし，プラズマディスプレイは現在も特殊な用途に限定して製造されているので，ここではその原理について説明する．

　プラズマディスプレイパネル（PDP；plasma display panel）は，超小型蛍光灯を平面に敷きつめ，短時間のうちに点滅を繰り返して画像を表示するディスプレイである．プラズマとは原子から電子が飛び出し，陽イオンと電子がバラバラの状態の物質をさす．身近なところでは，点灯している蛍光灯の内部がプラズマ状態である．

　蛍光灯の中には，少量のアルゴンガスと水銀蒸気が封入されている．蛍光灯の両端の電極に電界を印加すると，アルゴンに放電が起こり，ついで水銀蒸気が放電する．放電中のアルゴンや水銀はイオンと電子がバラバラの状態，つまりプラズマ状態にある．

　放電中の水銀プラズマから紫外線が放出され，蛍光灯の内壁に塗布した蛍光体に衝突して発光する．紫外線照射によって白色発光する蛍光体は，Sb（アンチモン）とMn（マンガン）をわずかに添加したカルシウムのリン酸塩である．実際の発光はSbとMnから起こる．

　プラズマディスプレイの発光素子の断面を図 10.5 に示す．発光はガラス基板の溝内壁に塗布した蛍光体で起こる．基板溝には少量の Ne（ネオン）や Xe（キセノン）ガスが封入されている．基板溝の表側に二つの透明電極，裏側に一つの電極を取りつけ，これら三つの電極の間で複雑な順序でパルス放電を行って，封入ガスから紫外線

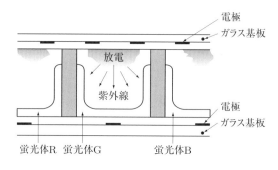

図10.5　プラズマディスプレイの発光素子の断面

を発生させ，蛍光体を発光させる．

蛍光体の種類を選ぶことによって，R（赤），G（緑），B（青）を発光させることができる．これらの色は光の三原色であり，強弱の組合せによって黒以外のすべての色を発光することができる．

RGB の蛍光体を塗布した 3 本の溝を敷きつめ，それぞれの溝の底部にはデータ電極とよばれる細い帯状の電極を取りつける．上部には一組の透明電極を溝と直角に取りつける．溝の間隔がピッチである．

縦と横の電極に電圧をかけることによって，交点の画素を光らせることができる．画面にどれほど多くの画素を敷きつめられるかによって，画像の解像度が決まる．溝と溝の間には，横方向に光が漏れないように隔壁を設ける．画素を小さくすると光の漏れ防止が難しくなる．

加工技術の進歩によって，$92 \times 52\,\mathrm{cm}$ の 42 型画面に 105 万の画素を取りつけたプラズマディスプレイが販売された．42 型テレビの場合，各画素の横方向と縦方向のピッチはそれぞれ，0.9 と 0.51 mm である．

プラズマディスプレイは，画素が大きいため小型化に適していないと思われていたが，画素の微細化が進み，液晶ディスプレイとのマーケットシェアを巡って激しい競争が行われた．結果として，消費電力の小さな液晶が主流となった．

例題 10.2　　つぎの用語を（　）に入れて，文章を完成させよ．

> A：陽イオン　B：キセノン　C：蛍光灯　D：紫外線　E：電子　F：蛍光体　G：画像　H：ネオン

▶ **問1**　プラズマディスプレイとは超小型（　①　）を平面に敷きつめ，短時間のうちに点滅を繰り返して（　②　）を表示するディスプレイである．プラズマとは原子から（　③　）が飛び出し，（　③　）と（　④　）がバラバラの状態の物質をさす．

▶ **問2**　プラズマディスプレイの発光素子は，ガラス基板の溝に少量の（　⑤　）ガスや（　⑥　）ガスを封入した構造をもっている．これらのガス中の放電によって発生する（　⑦　）が，溝に塗布した（　⑧　）に当たって発光する．

解答　①C：蛍光灯　②G：画像　③E：電子　④A：陽イオン　⑤H：ネオン（またはB：キセノン）　⑥B：キセノン（またはH：ネオン）　⑦D：紫外線　⑧F：蛍光体

10.3　有機 EL ディスプレイ

半導体 LED（発光ダイオード）では p 型と n 型半導体の pn 接合の順方向に電界

を印加すると，価電子帯から伝導帯に励起された電子が，再び価電子帯に落ち込んで，電子が抜けてできた正孔と再結合する．このとき，低下した電子のエネルギーの差に相当する波長の光が放射される．

一方，有機物質に電界を印加すると電子が励起され，電界を取り去ると電子のエネルギーが元に戻るときに，余分なエネルギーを光として放出する現象が electro luminescence（EL，エレクトロルミネッセンス，電子発光）である．この現象は半導体 LED の発光と同様である．ただし，GaN（窒化ガリウム）のような無機半導体 LED は同じ結晶を部分的に p 型と n 型に変化させて，境界に pn 接合を形成させた素子であるが，有機 LED は異なる有機物質を多層に集積して pn 接合を形成した素子である．

液晶，プラズマに続いて実用化されたディスプレイが有機 EL ディスプレイである．このディスプレイは有機物質自身が発光するので液晶ディスプレイのような光源が不要であり，プラズマディスプレイのように発光要素を隔壁で仕切る必要がないので厚み 1 mm 以下の膜状にすることができる．また，消費電力が少ないことから，液晶から有機 EL ディスプレイへの転換が進んでいる．

有機 EL デバイスにプラスチック基板を使用することによって，曲面ディスプレイの製造が可能となり，折り畳み型のスマートフォンやノートパソコンが登場した．有機 EL はディスプレイだけではなく壁面の照明をはじめ，さまざまな分野への展開が期待されている．

有機 EL ディスプレイの一つの画素は赤（R），緑（G），青（B）の 3 個の発光素子から構成されている．それぞれの素子の発光は素子への電流量に依存するため，光量を調整するために RGB 素子それぞれに独立の薄膜トランジスタ（TFT）が配置されている．

図 10.6 に有機 EL ディスプレイ素子の断面模式図を示す．ガラスまたはプラスチック基板（1）に銀やアルミニウムなどの電極を蒸着し，その上に TFT（2），有機多層膜（4），透明電極（5）を順に形成する．下部の金属電極（3）は負極，上部の透明電極は正極である．有機多層膜は負極側から電子注入層，電子輸送層，発光層，正孔輸送層，正孔注入層とよばれる 5 層構造からなっている．各層の有機物はそれぞれが異なる物質であり，ヘテロ構造層とよばれている．

このヘテロ構造層に 5 〜 10 V の電界を印加することによって高輝度の光を得ることができ，消費電力が少ないことが利点である．

発光層の有機物質のほとんどは，低分子化合物であり，代表的なものが炭素，酸素，水素，チッ素，硫黄などの元素からなる酸化ルシフェリンである．RGB の三原色を発光させるためには，成分の異なる 3 種類の多層膜を交互にドット状に蒸着する必要

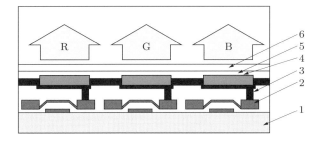

図 10.6　有機 EL ディスプレイ素子の断面模式図
1：ガラスまたはプラスチック基板，2：TFT（薄膜トランジスタ），
3：電極，4：発光層を含む有機多層膜，5：透明電極，6：ガラス
またはプラスチック保護膜．RGB は赤，緑，青を示す

があるため大型化が難航し，まずは小型のスマホディスプレイ用に普及した．10.1
節で述べた酸化物 IGZO（イグゾー）製 **TFT** の適用によって，高精細な有機 EL 画
面が登場し，また製造技術の進歩により大型ディスプレイが製造されるようになり，
液晶ディスプレイとのマーケットシェアを巡る競争が激しくなっている．

例題 10.3　　つぎの用語を（　）に入れて，文章を完成させよ．

> **A**：発光　**B**：膜状　**C**：エレクトロルミネッセンス　**D**：光源

　有機 EL ディスプレイの EL は（　①　）の略である．有機物質自体が（　②　）す
るので，液晶のような（　③　）が不要であり，厚み 1 mm 以下の（　④　）ディス
プレイとすることができる．

解答　①**C**：エレクトロルミネッセンス　②**A**：発光　③**D**：光源　④**B**：膜状

10.4　透明電極材料

　一般に，透明な物質の電気伝導性は低い（電気抵抗率は高い）．一方，電気伝導性
の高い物質は金属光沢をもつもの，または黒色のものが多い．透明で電気伝導性が高
い物質はほとんどないことが，光エレクトロニクスの進歩の障害となっていた．透明
電極は，太陽電池や液晶ディスプレイにおいて目立たない存在であるが，その役割は
極めて大きい．現在，実用材料として使用されている透明電極材料のほとんどは，電
気伝導性の高い ITO である．

　ITO は In_2O_3（酸化インジウム）に SnO_2（酸化スズ）を 5 ～ 10％加えたものである．
インジウム（indium），スズ（tin），酸化物（oxide）の頭文字をとってこの材料は

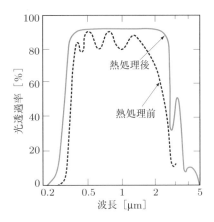

図 10.7 ITO の光透過率．成膜後の熱処理によって
破線から青い実線のように光透過率が向上する

ITO とよばれている．ITO の電気抵抗率は室温で $10^{-6}\,\Omega\cdot\text{m}$ 程度である．図 10.7 に
ITO の波長に対する光の通過の割合を示す．

　成膜後の熱処理によって ITO の光透過率は大きく向上する．

　この図からわかるように，ITO は比較的波長の長い光をよく通過するが，短波長
については吸収係数が大きい．したがって，ITO を使用した太陽電池では，紫外線
に近い短波長のかなりの部分が ITO に吸収されて，発電効率が低下する．

　液晶ディスプレイ用ガラス基板には，ITO の微細な回路を形成する必要がある．
回路はガラス基板の上にマスクをおいて，ITO の蒸着によって形成する．

　ITO の原料の In は国際的な投機対象の素材であり，価格が安定していないために，
ITO に代わる透明電極材料の実用化が望まれている．次世代電極材料として ZnO（酸
化亜鉛）が有望視されているが，耐久性に問題があるため，実用化に至っていない．

　例題 10.4　　つぎの用語を（　）に入れて，文章を完成させよ．

A：低い　**B**：高い　**C**：10^{-6}　**D**：紫外線　**E**：大きい

▷ **問 1**　一般に透明な物質の電気抵抗は（　①　）．一方，電気抵抗の（　②　）物質
　は金属光沢をもつもの，または黒色のものが多い．
▷ **問 2**　ITO の電気抵抗は室温で約（　③　）$\Omega\cdot\text{m}$ である．ITO は肉眼では透明に
　見えるが，短波長の光の吸収係数は（　④　）．このために，ITO を使用した太陽
　電池は（　⑤　）に近い短波長の光が電極に吸収されるので，全波長領域で光の吸
　収が小さな透明電極が必要である．

10.5　CD，DVD と BD

　ディジタル信号の記録メディアとして CD，DVD，BD が製造されており，記録密度の高い BD が主流である．これらのメディアの記録原理は同様なので，主に DVD について説明する．

　直径 15 cm のプラスチック円盤を DVD プレーヤーに入れるだけで，2 時間の映画を見ることができる．DVD は，ハリウッドの映画業界が日本の企業に「CD（compact disc）サイズの映画用のメディア（媒体）をつくってほしい」と依頼したことが開発の始まりであった．CD と同じ寸法のディスクに，133 分の映像と音声が記録できる技術が完成し，DVD と名づけられた．DVD は，digital versatile disc の略語である．

　音楽プレーヤー用 CD は直径 15 cm，厚さ 1.2 mm の円盤で，700 MB の記録容量がある．音楽プレーヤーの記録媒体として磁気テープの時代が長く続いたが，小型磁気ディスク MD に置き換えられ，その MD はすぐに CD に代わる運命になった．

　多量のデータを記録することができる CD は，コンピュータの記録メディアとして普通に使われるようになった．しかし，動画の記録にはもっと大容量の記録媒体が必要である．DVD は CD 約 7 枚分の 4.7 GB を記録することができる．

　コンピュータのデータ記録媒体としても，CD に代わって DVD が主流になった．

　CD と DVD の記録原理は同じである．レコード盤と同様に円盤表面に渦巻き状に信号を並べて記録する．レコードと違う点は信号がディジタル，つまり 0 と 1 の 2 種類しかないということである．緩いカーブの曲線に沿って，0 と 1 を意味するピット（溝穴）が取りつけられている．

　図 10.8 に CD と DVD の記録層の拡大図を示す．CD にくらべて DVD のピットは小さく，ピットのトラックの間隔も狭い．

　音楽会社や映画ソフト会社から販売される製品は，金型にプラスチック基板を押しつけて量産したもので，新たな書き込みはできない．押しつけて製造するという意味で，再生専用ディスクの製造を「プレスする」という．

　DVD は，0.6 mm の基板を 2 枚貼り合わせた厚さ 1.2 mm が標準である．片面だけに記録したものと，これを 2 枚貼り合わせた両面記録の 2 種類がある．読み取りは，ディスクを回転させながら，下からレーザ光線を照射して，反射光の明暗をディジタル信号に変換し，さらにこれをアナログ信号に変換して，音楽や映像として表示する．

　以上のディスクは再生専用で書き込み（録画）することはできない．一方，光に反

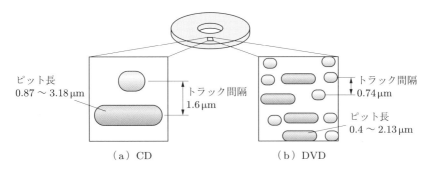

図 **10.8**　CD と DVD の記録層の拡大図

応する色素を含む記録層を埋めこんだ録画用ディスクでは，パルス状レーザ光の照射
によって，色素が化学変化して再生ディスクのピットに似たパターンをつくることが
できる．色素が化学変化したパターンは元に戻すことはできない．

　また，一度書き込んだピットを消して，もう一度書き込むことができる DVD も製
造されている．これには記録層にレーザ光を照射すると結晶から非晶質，反対に非晶
質から結晶に変化する材料が使用されている．記録用の強いレーザ光を当てると，記
録層の結晶は非晶質に変わり，少し弱い書き換え用のレーザ光を当てると，再び結晶
状態に戻る．結晶と非晶質の光反射率が異なることを利用して，再生ディスクのピッ
トに似たパターンをつくり，書き換えを行う．

　DVD の記録容量を高めるには，ディスクに焼きつけるピットをできるだけ小さく
することが必要である．しかし，使用する光の波長の半分以下のピットをつくること
はできない．レンズを使って光を絞れる限界は，波長の半分という制限があるからで
ある．

　CD には波長 780 nm の近赤外線が使用されている．機器の光学系にゆとりをもた
せるために，レーザ光を直径 800 nm に絞って書き込みが行われる．CD や DVD に
使用されるレーザは，すべて半導体レーザである．

　第一世代の DVD では，波長 650 nm の赤色レーザ光が使用され，直径約 500 nm
に絞って使われている．波長が 400 nm の青色レーザを使用すると，書き込み密度を
2.7 倍にすることができる．さらに，2 倍程度の余裕をもたせていた溝間隔やピッチ
間隔を，ぎりぎりまで小さくすることによって，合計 5 倍程度の記録密度を達成する
ことができる．このディスクが BD（Blu-ray disc）である．B は blue（青）でなく，
Blu であることに注意いただきたい．最近では，BD と DVD を組み合わせた複合型
のディスクが普及している．図 10.9 に複合型ディスクの断面図を示す．赤色レーザ
は BD 層を通過して DVD 層に到達する．

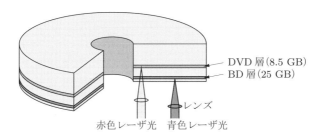

図 **10.9** 複合型ディスクの断面. 赤色レーザ光は BD 層を通過して, DVD 層の記録を読み取ることができる

例題 10.5 つぎの用語を ( ) に入れて, 文章を完成させよ.

A：レーザ光線　**B**：ディジタル　**C**：700　**D**：7　**E**：反射光

▷ **問1** CD と DVD の記録原理は同じである. 1枚の CD には (①) MB のデータを記録することができ, DVD は CD 約 (②) 枚分のデータを記録することができる.

▷ **問2** CD と DVD の信号の読み取りは, ディスクを回転させながら, 下から (③) を照射して, (④) の明暗を (⑤) 信号に変換する.

解答 ①**C**：700　②**D**：7　③**A**：レーザ光線　④**E**：反射光　⑤**B**：ディジタル

10.6 透光性高分子材料

光学用材料として使用されている透明高分子材料には, PC (ポリカーボネート) と PMMA (ポリメチルメタクリレート) がある. PC は CD や DVD のディスク基板材料として大量に使用されている. PC の密度は $1.20\,\text{g/cm}^3$, 熱変形温度は 124℃ である. PC は大きな屈折率 (約 1.6) をもち, 精密成形加工ができるので, 小型レンズとしても使用されている.

PMMA はアクリル樹脂のことで, 透明ケースの材料として, 古くから大量に使用されてきた素材である. 透光性では PC より優れている.

PMMA の密度は, 原料の重合の度合いによって $1.19 \sim 1.22\,\text{g/cm}^3$ の範囲にある. PMMA の熱変形温度と屈折率も密度に依存し, それぞれ $70 \sim 120$℃, $1.48 \sim 1.52$ に分布する. このプラスチックはアルカリに強く, アセトンなどの有機溶媒に溶ける性質をもっている. また, 熱変形温度が低いので, 100℃ 程度に加熱した金型に押しこむことによってレンズなどを成形することができる.

PC と PMMA は，ともにプラスチック光ファイバとしても使用されているが，光透過性が高くないので，長距離伝送用としては適当ではない．

例題 10.6　つぎの用語を（　）に入れて，文章を完成させよ．

A：DVD　B：プラスチック　C：基板材料　D：PC

透明性に優れた（ ① ）には PMMA と（ ② ）とよばれる素材がある．ポリカーボネート（ ② ）は CD や（ ③ ）の（ ④ ）として大量に生産されている．

解答　①B：プラスチック　②D：PC　③A：DVD　④C：基板材料

──────── 演習問題 ────────

問題 10.1〜10.2 節　つぎの用語を（ ① ）〜（ ⑯ ）に入れて，文章を完成させよ．

A：棒状　B：配向　C：直角　D：電界　E：液体　F：水銀　G：紫外線　H：透明電極　I：結晶　J：蛍光体　K：偏光　L：らせん　M：フィルタ　N：緑　O：赤　P：青

▶**問1**　液晶とは（ ① ）と（ ② ）の中間の性質をもった物質のことであり，（ ③ ）分子が液晶の中で弱い相互作用によって（ ④ ）したものである．

▶**問2**　液晶ディスプレイの2枚のガラスの外側には（ ⑤ ）フィルムが取りつけられている．2枚のフィルムの（ ⑤ ）方向が（ ⑥ ）に配置されている．

▶**問3**　（ ③ ）分子が（ ⑦ ）状に配列した液晶に（ ⑧ ）を印加すると，（ ③ ）分子は（ ⑧ ）方向に並ぶので，入射した（ ⑤ ）の回転は起こらない．

▶**問4**　液晶ディスプレイのカラー表示は，光源からの光を（ ⑨ ）によって光の三原色に分けて，それぞれに対応した画素を通過する光の組合せによって目的の色を合成する．光の三原色とはR（ ⑩ ），G（ ⑪ ），B（ ⑫ ）である．

▶**問5**　蛍光灯の中には少量のアルゴンガスと（ ⑬ ）蒸気が封入されている．放電中の（ ⑬ ）プラズマから（ ⑭ ）が放出され，蛍光灯の内壁に塗布した（ ⑮ ）が発光する．

▶**問6**　プラズマディスプレイは光の三原色に発光する（ ⑮ ）を塗布した3本1組の溝を敷きつめ，上部に（ ⑯ ）を取りつけた構造をもっている．

問題 10.3〜10.4 節　つぎの用語を（ ① ）〜（ ⑧ ）に入れて，文章を完成させよ．

A：酸化インジウム　B：回路　C：発光　D：光源　E：蒸着　F：膜状　G：酸化スズ　H：マスク

▶ **問7**　有機 EL ディスプレイは，有機物質自体が（　①　）するので，液晶のような（　②　）が不要であり，極めて薄い（　③　）のディスプレイとすることができる.

▶ **問8**　実用化されているほとんどの透明電極は ITO とよばれる材料である. この材料は（　④　）に（　⑤　）を 5 〜 10%加えたものである.

▶ **問9**　液晶ディスプレイのガラス基板には ITO の微細な（　⑥　）が取りつけられている. この（　⑥　）はガラス基板の上に（　⑦　）をおいて（　⑧　）によって製造されている.

問題 10.5〜10.6 節　　つぎの用語を（　①　）〜（　⑥　）に入れて，文章を完成させよ.

A：レーザ光　B：ピット　C：重合　D：レンズ　E：PMMA　F：渦巻き状

▶ **問10**　CD と DVD の円盤には，レコードと同じように（　①　）に信号を並べて記録する. 円盤には，信号の 0 と 1 を意味する（　②　）が取りつけられている. CD にくらべて DVD の（　②　）は小さく，（　②　）のトラックの間隔も狭い.

▶ **問11**　書き込みができる DVD は，ディスクに光に反応する色素を含む記録層を埋めこみ，パルス状の（　③　）の照射によって色素を化学反応させて，（　②　）状のパターンを焼きつけることによって製造される.

▶ **問12**　透明プラスチック（　④　）の密度は，原料の（　⑤　）の度合いによって変化する.（　④　）を 100℃ 程度に加熱した金型に押しこむことによって，（　⑥　）を製造することができる.

第11章
エネルギー材料

　　石炭や石油のような化石燃料の大量消費に伴う大気中の二酸化炭素の増大は地球環境の悪化の原因となっており，太陽光や風力などの再生可能エネルギー利用の増大が急がれる．本章では，太陽光電池，蓄電池，燃料電池について述べる．

　　太陽光発電は半導体のpn接合部への光照射によって電力を得る方法であり，実用材料として，多結晶，単結晶，非晶質シリコンが使用されている．

　　蓄電池に関する技術は，電気化学を基本にしたものであり，使用される材料は電子材料分野に属さないものが多くあるが，電気自動車や携帯電子機器用電源として極めて重要なものであるので，蓄電池と燃料電池についての概略を述べる．

11.1　太陽光発電

　半導体のpn接合部に光を照射すると起電力が発生する．この原理を応用した発電デバイスが太陽電池（solar battery，またはsolar cell）である．複数の太陽電池を組み合わせて必要な電圧と電流が得られる板状のユニットがソーラーパネルである．このパネルを多数組み合わせて必要な電力が得られる設備をソーラーアレイとよんでいる．近年，屋根に設置したソーラーパネルや事業者による大規模ソーラーアレイによる発電が行われている．

　地球温暖化の主な原因は大気中の二酸化炭素（CO_2）の増大である．わが国の電力の80%以上が液化天然ガスや石炭，石油などの化石燃料を使用しており，削減が求められている．有力な対策としてCO_2の発生しない太陽光，風力，地熱等の自然エネルギーを利用する再生可能エネルギーの活用が進んでいる．わが国の再生可能エネルギー利用は，太陽光発電が大部分を占めている．

　再生可能エネルギーによって発電された電力を電力会社が買い取ることが2012年法律で義務づけられ，このエネルギーの本格的な利用が国策として開始された．太陽光大規模発電は20年間，家庭用小規模発電は10年間，固定価格での買取りが保証された．当初の買取り価格は市場価格よりはるかに高いものであり，差額が電気料金に上乗せされたため，国民の不満が徐々に高まり，加えて太陽光発電は天候に支配されやすく，供給が不安定であるため，買取り制度そのものが見直される結果になっている．

　地球温暖化は急速に進んでおり，二酸化炭素の排出量削減は急務である．この切り

札としての太陽光発電への期待は現在でも変わらない．発電コストの大幅な削減，全国規模送電システムの構築，日照時の余剰電力を低コストで蓄電できる技術革新によって，太陽光発電の地位は再認識されるはずである．蓄電技術については 11.4 節2次電池において述べる．

太陽電池の発電効率は素材によって異なる．もっとも多く使用されている太陽電池素材はシリコンである．シリコンより高い変換効率の太陽電池はガリウムヒ素（GaAs）やインジウムリン（InP）のような化合物半導体であるが，価格が高いので，宇宙用等の特殊な用途に限定されている．

図 11.1 にソーラーアレイが取りつけられている国際宇宙ステーション（ISS），図11.2 に ISS への物資運搬船シグナスのソーラーパネルを示す．図 11.2 の太陽電池には化合物半導体が使われている．

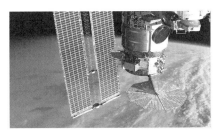

図 11.1 国際宇宙ステーション（ISS）のソーラーアレイ．2 枚のソーラーパネルを組み合わせたパドルが 8 基取りつけられ，発電能力は 264 kW，合計 32800 枚のシリコン製ソーラーセルが取りつけられている（NASA 提供）

図 11.2 ISS にドッキングした物資運搬船シグナスのソーラーパネル．左後方の長方形構造物は ISS のソーラーアレイ．右前方の 10 角形構造物は GaAs 製ソーラーパネルである（NASA 提供）

新しい太陽電池材料として，カルコパイライト型 CIGS が注目されている．カルコパイライト（chalcopyrite）は黄銅鉱の英語名であり，化学式 $CuFeS_2$ を主成分とする鉱物である．CIGS は化学式 $Cu(In,Ga)Se_2$ の化合物であり，カルコパイライトと類似の結晶構造をもっている．化学式中の (In,Ga) は，In と Ga 合わせて 1 mol を意味している．

CIGS の光吸収係数は，Si の約 100 倍であり，可視光のほとんどが表面付近で吸収されるので，薄膜太陽電池素材として有望視されている．CIGS は，ガラスやプラスチック基板上に蒸着によって成膜できるので，CIGS 太陽電池はバルクからウェ

ハー（薄板）を切り出して製造する結晶シリコン太陽電池にくらべて，製造コストがはるかに低い．CIGS は，その変換効率向上によって，シリコンを超える汎用太陽電池として期待されている．

例題 11.1　　つぎの用語を（　）に入れて，文章を完成させよ．

> A：太陽電池　B：起電力　C：ソーラーアレイ　D：pn　E：ソーラーパネル

　半導体の（　①　）接合部に光を照射すると（　②　）が発生する現象を利用した発電デバイスが（　③　）である．複数の（　③　）を組み合わせた板状のユニットが（　④　）である．このパネルを多数組み合わせた発電設備が（　⑤　）である．

解答　①D：pn　②B：起電力　③A：太陽電池　④E：ソーラーパネル　⑤C：ソーラーアレイ

11.2　シリコン太陽電池

11.2.1　結晶シリコン太陽電池

　太陽光発電にもっとも多く使用されている素材はシリコンである．光照射による発電は pn 接合部で起こるので，接合部に光を効果的に導入することが必要である．シリコンは波長の長い赤外線を透過するが，短い可視光の透過率が低いので，太陽光を有効に利用するために光照射側のシリコン層をできるだけ薄くする必要がある．

　さらに，結晶シリコン太陽電池はウェハーを薄くするほど素材のコストを下げることができるので，より薄く切断する技術開発が行われている．厚さ $200 \sim 300\,\mu\mathrm{m}$ のウェハーが太陽電池として使用されている．

　結晶シリコン太陽電池は，B（ホウ素）を添加した p 型シリコン大型結晶から切り出したウェハーの片面に，リンなどの 5 価の元素を拡散させて n 型に変化させ，その上に光反射防止膜を蒸着し，反対側に金属電極を取りつけた層状構造をもっている．n 型層の厚みは $0.2\,\mu\mathrm{m}$ 程度であり極めて薄く，光は容易に pn 接合部に到達する．単結晶型太陽電池のエネルギー変換効率は約 20％であり，実用太陽電池材料として最高性能を示している．

　シリコン単結晶の育成技術は，半導体 LSI（大規模集積回路）を製造するための大型結晶育成技術とともに進歩した．LSI 用シリコン結晶は純度 99.999999999％の 11 ナイン（9 が 11 桁の半導体グレード）のシリコンを原料として製造される．

　高温で溶融させたるつぼ中のシリコン表面に種結晶を付着させ，回転させながらゆっくりと引き上げて，直径 300 mm，長さ 2 m の大型単結晶が製造される．この結

晶から薄い円盤(ウェハー)を切り出してLSIチップが製造される．ウェハーからチップを切り出すとき，LSI用として使用できない端材が出るので，これを太陽電池に使用することが行われてきたが，太陽電池需要の増大とともに端物結晶だけでは間にあわなくなり，太陽電池用として結晶が製造されるようになった．

太陽電池に必要なシリコンの純度は99.9999％（ソーラーグレード），6ナインであり，LSI用にくらべて原料のコストは低いが，結晶引き上げに長時間かかるため，大電力が必要であり，単結晶シリコン太陽電池が生み出すエネルギーと製造のためのエネルギーバランスを考慮する必要がある．

太陽電池用多結晶シリコンは四角形のるつぼを使って原料を溶融し，徐々に冷却して凝固させて製造する．この凝固体は数mm～数十mmの単結晶が集合した多結晶体であり，単結晶シリコンにくらべて発電効率は5％程度低いが，製造に必要な電力は単結晶育成にくらべて少ないので，価格が低く，製造量は単結晶を上回っている．

図11.3に示すように，太陽電池用シリコンウェハーの表面にはV字形の溝が加工され，その上に透明な光反射防止膜が蒸着される．防止膜にはシリコンより屈折率が大きな素材が使用されている．凹凸加工したシリコン表面は局所的には傾いているので，入射光は膜中で全反射を繰り返し，光が膜中に閉じこめられた状態にあり，その大部分がpn接合部で吸収されて発電に寄与する．

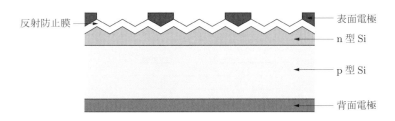

図11.3 結晶シリコン太陽電池断面．表面にV字形の溝加工を行い，透明な光反射防止膜をコーティングし，電極を取りつける．

結晶シリコンの表面処理技術の進歩によって，発電に必要とする結晶板の厚みは薄くなり，いかにして単結晶ロッドや多結晶インゴットから無駄なく薄板を切り出すかという切断技術が必要とされている．

切断は，LSI用のシリコンウェハーと同様に，研削材の粉末を付着させた細い金属線を結晶に押しつけながら巻きとるワイヤソーとよばれる切断機を使用する．太陽電池製造において切断されたウェハーの表面加工は，発電効率向上のための重要な要素である．

11.2.2 アモルファスシリコン太陽電池

本項では，もっとも多く使用されている結晶シリコン太陽電池とくらべると効率はやや劣るが，より少ない電力で製造できるアモルファスシリコン太陽電池について述べる．アモルファスシリコンはa–Siと表示する．

太陽電池は省エネルギーの役に立っているが，製造に費やしたエネルギーの元をとるには少なくとも10年間以上継続して使用する必要がある．一方，アモルファスシリコン太陽電池は，原料ガスを分解して，シリコンの極めて薄い膜をガラスやプラスチック基板の上に成膜したものなので，結晶シリコン太陽電池の製造ほど多くの製造エネルギーを必要としない．

ガラス板の上にまず透明電極 ITO を蒸着し，つぎに p 型，その上に電気抵抗の高い真性シリコン，つぎに n 型と3層のアモルファスシリコンを成膜し，最後にアルミニウムを蒸着して電極とする．

図 11.4 に示すように，アモルファスシリコンを合成するには，低圧シラン（SiH_4）ガスに高周波電界を印加して，原料ガスをイオンと電子がバラバラ状態のプラズマに分解してシリコンを基板に付着させる．成膜時の基板温度は 200 ～ 300℃であり，シリコンは結晶化することなくアモルファス状に付着する．

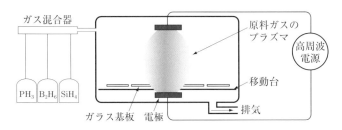

図 11.4 高周波プラズマ法によるアモルファスシリコンの合成．
原料のシラン（SiH_4）ガスは 10 ～ 10^3 Pa の低圧

図 11.5 に示すように，アモルファスシリコン中のシリコン原子は規則的に配列していない．シリコン原子は4本の結合腕をもっており，周囲のシリコン原子と不規則に結合するために，結合できない結合腕がたくさん存在する．この余った結合腕をダングリングボンドとよび，このボンドに水素イオンを結合させると，シリコン原子は安定する．アモルファスシリコン太陽電池には10%程度の水素原子が含まれている．

アモルファスシリコンを p 型や n 型にするためには，原料のシランガスにジボラン（B_2H_6）ガスやフォスフィン（PH_3）ガスを添加する．

アモルファスシリコン太陽電池の製造に費やされるエネルギーは，結晶育成にくらべてはるかに小さく，5年程度の連続使用によって製造エネルギーの元がとれるので，

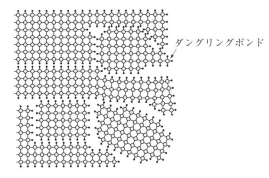

図11.5 アモルファスシリコンのダングリングボンド.
〇はシリコン原子，●は水素原子

省エネルギーの切り札として精力的な研究開発が行われてきた．しかし，結晶にくらべて数倍の面積のパネルが必要な上，光照射による劣化が結晶より早く進むので，生産が頭打ちになっている．

> **例題 11.2**　つぎの用語を（　）に入れて，文章を完成させよ．

> A：規則的　B：光反射防止膜　C：素材コスト　D：層状構造　E：アモルファスシリコン　F：薄い膜　G：原料ガス　H：ウェハー

> ▶**問1**　シリコン結晶は高価な素材である．結晶から切り出した薄板を（　①　）とよんでいる．（　①　）を薄くするほど（　②　）を下げることができる．太陽電池には厚さ $200 \sim 300\,\mu\text{m}$ の（　①　）が使用されている．光が入射する面に（　③　）を蒸着し，反対側に金属電極を取りつけた（　④　）をもっている．
> ▶**問2**　（　⑤　）太陽電池は，（　⑥　）を分解して，シリコンの（　⑦　）をガラス基板の上に成膜して製造する．（　⑤　）中のシリコン原子は（　⑧　）に配列していないことが特徴である．

> **解答**　①H：ウェハー　②C：素材コスト　③B：光反射防止膜　④D：層状構造
> ⑤E：アモルファスシリコン　⑥G：原料ガス　⑦F：薄い膜　⑧A：規則的

11.3　蓄電池の作動原理と1次電池

　スマートフォンやノートパソコンの電源として電池（バッテリー，battery）が使われており，連続使用時間は電池の蓄電能力に依存する．とくにスマートフォンの場合，ほとんど毎日充電が必要であることが泣き所である．

電気自動車の場合，電池の能力が自動車の走行距離を決める最大の要素である．小型で軽量かつ，より大きな容量の充電が可能な電池が必要とされている．非常用照明に懐中電灯が一般に使用されるようになって60年以上が経過し，乾電池はありふれたものとしてほとんど注目されることがない時代が続いていた．しかし，近年ICT（情報通信技術）や電気自動車の普及とともに高性能電池の需要が高くなり，電池の技術革新が進んでいる．

電池は正極（陽極）と負極（陰極），両極の間に電解質物質が満たされた構造をもっている．電池の両極間を導線でつなぐと，正極，または負極で生成したイオンが電解質を通って反対側の極に電荷（電子）を与え，導線に電流が流れる．これが電池の作動原理である．電池の作動は一種の化学反応であり，この研究分野は電気化学（electrochemistry）とよばれている．

電池は使用とともに，電極間のイオンの移動が徐々におとろえ，発生電圧が降下し，電池としての機能が失われる．一方，正極と負極に反対の電界を印加することによって，放電前に近い状態に復帰させることができる電池がある．この操作が電池の充電である．充電ができない1回限りの使いきり電池が1次電池，充電して何回も繰り返し使用できる電池が2次電池である．

近年は，燃料電池とよばれる電池が注目されている．燃えるという現象は，燃料が酸素と結びついて酸化されることである．燃料電池は燃料が酸化されるときに電荷移動が起こる現象を利用して，電力を取り出す発電デバイスである．室温で作動する小型燃料電池から，中高温で作動するプラント用大型燃料電池まで，さまざまなタイプのものが開発され，一部はすでに実用化されている．燃料電池については，11.5節で詳しく述べる．

11.3.1　マンガン電池

古くから使われているもっとも一般的な1次電池はマンガン電池である．図11.6に示すように，マンガン電池はZn（亜鉛）製の缶の中心軸位置に炭素棒を固定し，隙間の外側にはNH_4Cl（塩化アンモニウム）と$ZnCl_2$（塩化亜鉛）をデンプンで練った糊状のペースト，内側には上記成分にMnO_2（二酸化マンガン）と炭素粉を加えたペーストが封入されている．

缶の内壁でZn原子1個とNH_4Cl分子2個が反応して，$ZnCl_2$とNH_4^+が生成する．NH_4^+はNH_3（アンモニア）が1個余分の陽子（H^+）をもったイオンであり，アンモニウムイオンとよばれている．アンモニウムイオンの寸法は小さく，比較的容易に電解質の中を移動して，正極の炭素棒から電子をもらって分解し，周囲の水分と反応して，水酸化アンモニウム（NH_4OH）と水素が生成する．水素は気体であり，微細

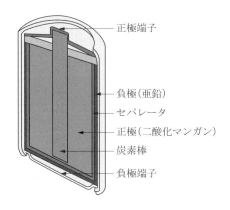

正極端子

負極(亜鉛)
セパレータ
正極(二酸化マンガン)
炭素棒
負極端子

図 11.6 マンガン電池の構造

な泡として生成し，その後の NH_4^+ の移動を邪魔するので，取り除く必要がある．生成した水素は MnO_2 と反応して，H_2O（水）と MnO（一酸化マンガン）が生成する．反応の進行とともに MnO_2 の量が減少するので，この電池の寿命は MnO_2 の量によって決まる．

11.3.2　アルカリ電池

　家庭用や事務用機器に多く使われる電池はアルカリ電池である．アルカリマンガン乾電池が正しい名称であるが，通称アルカリ電池とよばれている．アルカリ電池は，正極に二酸化マンガンと炭素の一種である黒鉛の粉末の混合物，負極には亜鉛粉末を使用している．粉末を使用するのは反応表面積を大きくするためである．電極間の電解質として KOH（水酸化カリウム）水溶液が使用されている．KOH は代表的なアルカリ物質であるため，この電池はアルカリ電池とよばれている．

　電極での反応は，負極の Zn と KOH の OH（水酸）基が反応して，ZnO（酸化亜鉛）が生成するとき電子が放出される．放出された電子は負極から外部の負荷を経由して正極に移動し，MnO_2 と反応して，Mn_2O_3 が生成する．

　アルカリ電池はマンガン電池にくらべて，高いエネルギー密度をもっており，高性能であるため，乾電池の主役を占めるようになった．アルカリ電池の短所は，電解質が水溶液であるため液漏れすることである．液漏れのトラブルが多発した時期があったが，近年では改良され，心配はほとんどなくなった．また，長期間保存した場合，自己放電による性能劣化が問題であったが，この点についても改善しつつある．

例題 11.3 つぎの用語を（ ）に入れて，文章を完成させよ.

A：2次電池　B：充電　C：アルカリマンガン　D：電解質　E：二酸化マンガン　F：1次電池　G：水酸化カリウム　H：亜鉛

▶ **問1** 電池は正極と負極の間に（ ① ）が満たされた構造をもっている.（ ③ ）ができない1回限りの使いきり電池が（ ② ），（ ③ ）して何回も繰り返し使用できる電池が（ ④ ）である.

▶ **問2** （ ⑤ ）乾電池は正極に（ ⑥ ）と黒鉛粉末の混合物，負極には（ ⑦ ）粉末，電解質としてアルカリ物質の（ ⑧ ）が使用されている.

解答 ①D：電解質　②F：1次電池　③B：充電　④A：2次電池　⑤C：アルカリマンガン　⑥E：二酸化マンガン　⑦H：亜鉛　⑧G：水酸化カリウム

11.4　2次電池

11.4.1　ニッケル・水素電池

　充電して何度も使用できる電池が2次電池である. そのうち, 古くから使われている馴染み深い2次電池が自動車用鉛蓄電池である. 鉛が多量に使用されているため重いが, 短時間に大電流を供給できるので, エンジンの始動用モータ電源として適している. しかし, 電気自動用走行モータ電源としては適当ではない.

　小型で電気容量が大きな電池としてニッケル・カドミウム（ニッカド）電池がさまざまな分野で使用されるようになったが, 使用済みのニッカド電池が家庭用ごみの中に混じって廃棄され, 焼却されて発生するカドミウムガスが有害物質として環境を汚染することから, 民生用としては問題視されていた.

　電気容量の点で, ニッカドを2倍上回る電池として, ニッケル・水素電池の研究開発が行われ, 1977年, 初の実用ニッケル・水素電池がアメリカ海軍の人工衛星に搭載された. 当初, 水素源として圧縮水素ガスが使用されたが, 安全上の理由のため, 民生用としては普及しなかった. 1990年代に水素吸蔵合金を使用したニッケル・水素電池の実用化が進み, ニッケル・カドミウム電池は衰退した.

　ニッケル・水素電池は, 正極にオキシ水酸化ニッケル（NiOOH）, 負極に水素吸蔵合金, 電解液に水酸化カリウム（KOH）の溶液を使用した電池である. 負極では水素吸蔵合金中の水素とKOHのOH^-が反応して水が生成し, そのときに1個の電子が放出される. 一方, 正極の$NiOOH$では, 負極で放出された電子とH_2Oが反応して, 安定な水酸化ニッケル$Ni(OH)_2$とOH^-が生成する. このOH^-は電解液中を移動し

て負極の反応に寄与する．このとき，正極と負極の間を導線で結ぶと，負極から正極に電子が流れる．

正極と負極に逆の電界を印加すると，逆の化学反応が生じて，充電が進行する．

重量エネルギー密度は 60 〜 120 W·h/kg であり，充放電繰り返し可能回数は 1000 回以上の優れた電池として，従来のノートパソコンの電源などの小型機器用だけではなく，ハイブリッド自動車用電源として急速に普及した．

11.4.2　リチウムイオン電池

リチウムイオン電池がニッケル・水素電池を超える 2 次電池として，スマートフォン，パソコンなどの小型電子機器，大出力を必要とするハイブリッド自動車，電気自動車の電源として普及している．

2014 年，ボーイング社製新鋭ジェット機 B787 のリチウムイオン電池を使用した電源の過熱事故が発生し，長期間にわたり B787 の運行が停止された．リチウムイオン電池は本質的に過電流が流れやすい性質をもっており，これを防ぐための安全回路が取りつけられている．B787 の電源システムについては，電池と安全回路の製造は日本とフランスの企業によって行われ，航空機への組みつけはボーイング社が行ったものであり，全体システムとしてどこかに問題があったと推定されたが正確な原因が不明のまま，安全回路を何重にも強化して，運行が行われている．

電池の性能が向上するほど電池は暴走する傾向があるので，安全確保が重要な課題である．

図 11.7 にリチウムイオン電池の作動原理を示す．Li（リチウム）は原子価が 1 価の原子であり，電子 1 個を放出して Li^+ になりやすい．Li^+ はイオン半径が小さいので，電解質の中を比較的速く移動することから，実用電池を目指した精力的な開発が行わ

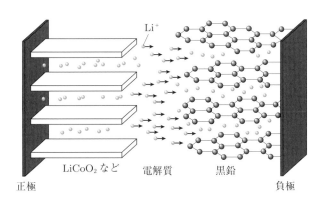

図 11.7　リチウムイオン電池の作動原理（充電時）．◦は Li^+ イオン，◉は炭素原子

れた.

電解質として, 炭酸エチレンや炭酸ジエチルなどの有機混合溶液に, $LiPF_6$（六フッ化リンリチウム）を溶かし込んだ溶液が使用されている.

リチウムイオン電池の実現には二人の日本人が重要な役割を果たした. 1980 年, 水島公一は東大助手時代にオックスフォード大学に留学, グッドイナフ（J. Goodenough）の下でイオン電池の研究を行い, 正極材料として $LiCoO_2$（コバルト酸リチウム）が適していることを見出した.

1983 年旭化成の吉野彰らは, 負極材料として, 後にノーベル賞を受賞した白川英樹が発見した導電性プラスチック・ポリアセチレンに注目し, $LiCoO_2$ の正極と組み合わせて, 現在のリチウムイオン電池の原型をつくりだした. しかし, ポリアセチレンは正極で発生した Li^+ を十分に吸収することができず, Li^+ が負極付近に停滞して, 電池の性能が低下する. そこで, 別の炭素材料が探索された結果, 1985 年, Li^+ を吸収しやすい原子配列をもった黒鉛が見出され, 実用化に近づいた. 黒鉛は炭素原子の層と層の間に比較的大きな隙間があって, Li^+ を容易に収納することができる構造をもった物質である. 2019 年吉野彰はグッドイナフとともにノーベル賞を受賞した.

1991 年, 旭化成と独自に開発を進めていたソニーなどにより, リチウムイオン電池が実用化され, 1994 年には三洋電機が商品化に成功した.

リチウムイオン電池の重量あたりのエネルギー密度は 100 〜 250 W·h/kg であり, ニッケル・水素電池の 2 倍程度である.

2010 年にはリチウムイオン電池は 1 兆円産業に成長し, 日本の企業が世界のトップシェアを占めた時期があったが, 間もなく韓国, 中国が日本を上回った.

11.4.3　ナトリウム・硫黄電池

ナトリウム・硫黄電池は, 負極側の Na（ナトリウム）と正極側の S（硫黄）を溶融状態に保ち, 電解質の β アルミナを中間に挿入した構造をもっている. β アルミナは, Na^+ が比較的容易に結晶内を移動する固体電解質である.

アルミナは Al_2O_3（酸化アルミニウム）の物質名であり, 結晶構造が六方晶の α アルミナと立方晶の γ アルミナが知られている. ナトリウムを含んだ化学式 Na_2O-$11Al_2O_3$ の物質が誤って β アルミナと命名され, 現在でも通称として使用されている.

Na^+ のイオン伝導性を高めるために, ナトリウム・硫黄電池は 300 〜 350℃ で運転される.

負極の溶融ナトリウムは, β アルミナとの界面で電子を放出して Na^+ になり, 電解質を通って正極に移動する. 正極では Na^+ が硫黄によって還元されて Na_2S_5（五硫化ナトリウム）になる. 電池内では, つぎの化学式で表す放電反応が進行する.

$$負極：2Na \rightarrow 2Na^+ + 2e^-$$
$$正極：5S + 2Na^+ + 2e^- \rightarrow Na_2S_5$$

ナトリウムは空気に触れると激しく化学反応して燃焼する．場合によっては爆発するので，安全確保は重要な課題である．

日本ガイシはナトリウム・硫黄電池を NAS 電池と名づけ，長年にわたって実用化に努めた結果，風力発電や太陽光発電に付随する蓄電池として採用されている．

例題 11.4　つぎの用語を（　）に入れて，文章を完成させよ．

A：2次　B：水素吸蔵合金　C：ニッケル・水素　D：約2倍　E：リチウムイオン

（　①　）電池は，正極にオキシ水酸化ニッケル，負極に（　②　），電解質に水酸化カリウム溶液を使用した（　③　）電池である．（　④　）電池は（　①　）電池を超える性能をもった（　③　）電池として，電子機器や電気自動車の電源として普及している．（　④　）電池の重量あたりのエネルギー密度は，（　①　）電池の（　⑤　）である．

解答　①C：ニッケル・水素　②B：水素吸蔵合金　③A：2次　④E：リチウムイオン　⑤D：約2倍

11.5　燃料電池

水に直流電流を流すと正極から酸素，負極から水素が発生する．反対に水素と酸素を反応させて，電力を取り出すことができる．この現象を利用した電池が燃料電池である．物質を酸化して電力を取り出すデバイスを燃料電池とよんでいる．

11.5.1　固体高分子形燃料電池（PEFC）

代表的な燃料電池として，水素と酸素を反応させる固体高分子形燃料電池（PEFC）について述べる．この燃料電池の発電原理を図 11.8 に示す．負極側に燃料の水素を供給し，正極側には酸素を供給する．正極と負極の間にはプロトン（H^+）が容易に通り抜けできる電解質膜が挿入される．H^+ は水素原子から1個の電子が放出された陽子である．膜の水素側には水素ガス（H_2）が分解し，H^+ の生成を促進するための白金触媒が付着されている．

電解質膜の負極側表面で生成した H^+ は電解質膜中を拡散し，正極側に移動する．正極に到達した H^+ は酸素と反応するときに電子を受け取り，H_2O（水）が生成する．

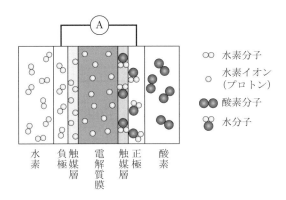

図 11.8 固体高分子形燃料電池の作動原理

H^+ と酸素の反応が燃焼であり，この反応を促進するためにも白金触媒が使用されている.

正極と負極を導線で結ぶと，負極で発生した電子が導線を通じて正極に移動する.

室温で作動する電解質膜として高分子が使われている．耐久性に優れた高分子膜がなかったため，高分子形燃料電池の実用化が遅れていたが，1987 年，カナダのバラードパワーシステム社はフッ素系樹脂（Nafion，ナフィオン）を使用した燃料電池を開発し，実用化は一挙に進んだ．しかし，フッ素系樹脂を使用すると発電効率は 30 ～ 40 ％程度であり，中高温で作動する燃料電池にくらべるとやや低いので，より効率が高く，耐久性に優れた高分子膜の開発が望まれている.

高分子膜を使用した燃料電池は起動が速く，運転温度は 80 ～ 100 ℃ と比較的低いので，携帯機器や燃料電池自動車電源への応用が進んでいる．しかし，高分子膜の耐久性が低いことと白金触媒の価格が高いことが課題である．また，燃料ガス中に CO（一酸化炭素）が含まれると白金の触媒性能が劣化するので，純度の高い水素ガスが必要であることも運転コストが高い理由になっている.

図 11.9 に燃料電池自動車の基本構造を示す．運転に伴って排出されるのは水のみ

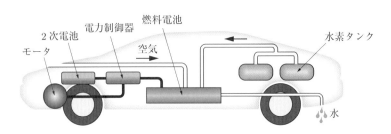

図 11.9 燃料電池自動車の基本構造

であり，環境への負荷は小さい．

11.5.2 リン酸形燃料電池

電解質としてリン酸（H_3PO_4）水溶液を使用した燃料電池がある．これをリン酸形燃料電池という．電解液はセパレータとよばれる多孔質セラミックスに含浸させて，燃料ガスが直接に両極の間を移動できない構造としている．作動温度は約200℃，効率は約40％であり，工場，ビルなどへの数百 kW の電力供給用として普及している．固体高分子形と同様に白金を触媒として使用しているため，一酸化炭素によって触媒は性能劣化する．燃料のコスト削減のために天然ガスを燃料としており，炭化水素を主成分とする天然ガスから水素を取り出す過程で一酸化炭素が発生するので，これを取り除く必要がある．国が助成を行って普及に努めた結果，5万時間の運転寿命が達成されている．

11.5.3 溶融炭酸塩形燃料電池

炭酸イオン（CO_3^{2-}）の電荷移動を利用した燃料電池は溶融炭酸塩形燃料電池である．多孔質のセパレータに炭酸リチウムや炭酸カリウムを電解質として含浸させ，溶融状態で使用する．作動温度は600 ～ 700℃程度とやや高温であるが，発電効率は約45％と高く，白金触媒を使用しなくてもよいという利点がある．地球温暖化の原因となっている二酸化炭素を濃縮することができるので，二酸化炭素の回収装置としても研究開発が行われている．

11.5.4 固体酸化物形燃料電池（SOFC）

700 ～ 1000℃で作動する固体酸化物形燃料電池（SOFC）の発電効率は60％以上が可能であり，白金等の触媒を必要としないため，次世代の燃料電池として期待されている．

SOFC は燃料として水素または一酸化炭素，電解質として酸化物イオンが移動しやすい ZrO_2（酸化ジルコニウム，通称ジルコニア）を使用する．正極側で生成した酸化物イオン（O^{2-}）が電解質の中を通過し，負極側の水素または一酸化炭素と結合し，水または二酸化炭素が生成する．

O^{2-} は比較的大きなイオンであり，電解質中の移動速度は小さいので，SOFC の電解質層を薄くして電荷の移動距離を短くすることが必要である．ジルコニアは微細な結晶粒が集合した多結晶体であり，結晶粒間には気孔が存在するので，薄くするほど通気孔ができて発電することができなくなる．そのため，いかにして薄い無気孔ジルコニアシートをつくるかが SOFC 製造の鍵である．

例題 11.5　つぎの用語を（　）に入れて，文章を完成させよ．

A：約200℃　B：天然ガス　C：リン酸水溶液　D：酸化　E：水素　F：高分子　G：80〜100℃　H：白金

▷**問1**　物質を（　①　）して電力を取り出すデバイスを燃料電池とよんでいる．燃料電池自動車に使用されている燃料電池は（　②　）を燃料として使用し，正極と負極の間に（　③　）製の電解質膜が挿入されている．この燃料電池の運転温度は（　④　）である．この燃料電池には反応を促進するための触媒として（　⑤　）が必要であるため，運転コストが高いことが難点である．

▷**問2**　作動温度（　⑥　）の，工場やビルなどへの数百 kW の電力供給用燃料電池として，電解質に（　⑦　）を使用した燃料電池が普及しつつある．この電池は（　⑧　）から水素を取り出し，燃料として使用している．

解答　①D：酸化　②E：水素　③F：高分子　④G：80〜100℃　⑤H：白金　⑥A：約200℃　⑦C：リン酸水溶液　⑧B：天然ガス

演習問題

問題 11.1〜11.2節　つぎの用語を（　①　）〜（　⑬　）に入れて，文章を完成させよ．

A：太陽電池　B：起電力　C：ソーラーアレイ　D：pn　E：ソーラーパネル　F：規則的　G：光反射防止膜　H：素材コスト　I：層状構造　J：アモルファスシリコン　K：薄い膜　L：原料ガス　M：ウェハー

▷**問1**　半導体の（　①　）接合部に光を照射すると（　②　）が発生する現象を利用した発電デバイスが（　③　）である．複数の（　③　）を組み合わせた板状のユニットが（　④　）であり，このパネルを多数組み合わせた発電設備が（　⑤　）である．

▷**問2**　結晶シリコン太陽電池は結晶から切り出した（　⑥　）を薄くするほど，（　⑦　）を下げることができる．

▷**問3**　結晶シリコン太陽電池は光が入射する面に（　⑧　）を蒸着し，反対側に金属電極を取りつけた（　⑨　）をもっている．

▷**問4**　（　⑩　）太陽電池は，（　⑪　）を分解して，シリコンの（　⑫　）をガラス基板の上に成膜して製造する．

▷**問5**　（　⑩　）中のシリコン原子は（　⑬　）に配列していない．

問題11.3～11.4節　　つぎの用語を（ ① ）～（ ⑪ ）に入れて，文章を完成させよ．

> A：1次電池　**B**：充電　**C**：アルカリマンガン　**D**：電解質　**E**：リチウムイオン　**F**：ニッケル・水素　**G**：二酸化マンガン　**H**：水素吸蔵合金　**I**：2次電池　**J**：水酸化カリウム　**K**：亜鉛

▶**問6**　電池は正極と負極の間に（ ① ）が満たされた構造をもっている．1回限りの使いきり電池を（ ② ），（ ③ ）して何回も繰り返し使用できる電池を（ ④ ）とよんでいる．

▶**問7**　（ ⑤ ）乾電池は正極に（ ⑥ ）と黒鉛粉末の混合物，負極には（ ⑦ ）粉末を使用している．（ ① ）としてアルカリ物質である（ ⑧ ）が使用されている．

▶**問8**　（ ⑨ ）電池は，正極にオキシ水酸化ニッケル，負極に（ ⑩ ），（ ① ）に水酸化カリウム溶液を使用した（ ④ ）電池である．（ ⑪ ）電池は（ ⑨ ）電池を超える性能をもった（ ④ ）電池として，電子機器や電気自動車の電源として普及している．

問題11.5節　　つぎの用語を（ ① ）～（ ⑧ ）に入れて，文章を完成させよ．

> A：約200℃　**B**：天然ガス　**C**：リン酸水溶液　**D**：酸化　**E**：水素　**F**：高分子　**G**：80～100℃　**H**：白金

▶**問9**　物質を（ ① ）して電力を取り出すデバイスを燃料電池とよんでいる．燃料電池自動車に使用されている燃料電池は（ ② ）を燃料として使用し，正極と負極の間に（ ③ ）製の電解質膜が挿入されている．

▶**問10**　自動車用燃料電池の運転温度は（ ④ ）である．この燃料電池には反応を促進するために触媒として（ ⑤ ）を使用するため，運転コストが高いことが難点である．

▶**問11**　工場やビルなどへの数百kW電力供給用燃料電池として，電解質に（ ⑥ ）を使用した燃料電池が普及しつつある．この電池の作動温度は（ ⑦ ）であり，（ ⑧ ）から水素を取り出し，燃料として使用する．

第12章
超伝導材料

　物体を冷却するとき，特定の温度で突然に電気抵抗がなくなる現象が超伝導である．電力機器への応用を意識した分野では用語として「超電導」が一般化しているが，学術的には「超伝導」が正しい使い方であるので，本書では超伝導に統一する．

　本章では超伝導現象と超伝導材料の応用について述べる．磁気浮上列車に使用される超伝導磁石の運転には，−269℃（4.2 K）で沸騰する液体ヘリウムが必要である．ヘリウムは希少資源であり，価格が非常に高いので，沸点−196℃（77 K）の液体窒素で作動する安価な超伝導材料の実用化が望まれてきた．

　1980年代後半には，液体窒素を寒剤として超伝導が実現する酸化物が発見され，超伝導磁石などへの応用が期待されたが，この材料の細線加工の困難さのため十分な実用化に至っていない．

12.1　超伝導現象

12.1.1　超伝導現象の基礎

　金属の電気抵抗は温度低下とともに減少する．これは電気抵抗の原因となっている格子振動（原子の熱振動）が温度低下とともに弱まるからである．図12.1に示すように，多くの金属の電気抵抗は温度の低下とともに減少するが，特定の温度（数 K

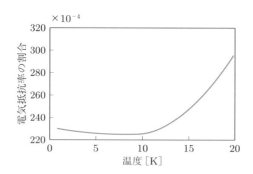

図 12.1　微量の鉄を添加した金の電気抵抗率の割合．
縦軸は各温度の電気抵抗率を 273 K（0℃）
の抵抗率で除した値

〜数十 K）で極小を示し，その後上昇に転じる．この極小抵抗を残留抵抗とよぶ．
低温側での温度低下に伴う電気抵抗の上昇は不純物によるもので，とくに鉄などの遷
移金属不純物が存在すると大きな残留抵抗を示す．金属の純度を高めることによって
残留抵抗の大きさを小さくすることができるが，電気抵抗をゼロにすることはできな
い．

　冷却によって電気抵抗が突然ゼロになる現象が超伝導である．この現象は，1911
年オランダ・ライデン大学のオンネス（H. K. Onnes）によって発見された．

　オンネスはヘリウムガスを断熱膨張させて低温状態をつくる研究を行っていた．彼
は 4.2 K に沸点をもつヘリウムの液化に成功し，これを使って各種の物質の極低温下
の電気抵抗の測定を行った．液体ヘリウムを 1 気圧以下に減圧すると沸点が低下して，
4.2 K 以下の温度をつくり出すことができる．

　オンネスは液体ヘリウムの沸点より少し低温で Hg（水銀）の電気抵抗がゼロにな
ることを発見した．後の精密な測定によって，Hg が超伝導になる転移温度 T_c（臨界
温度とよぶこともある）は 4.15 K と決定された．Hg の超伝導は，液体ヘリウムの沸
点よりわずかに低温の場合に起こる現象であった．

　その後，多くの元素が超伝導を示すことが明らかになった．T_c が高い元素として
Nb（ニオブ）の 9.23 K，ついで Pb（鉛）の 7.19 K が知られている．

12.1.2　マイスナー効果

　すべての超伝導体は，温度減少とともに T_c で電気抵抗がゼロに変化する．図 12.2
に示すように，超伝導状態の物質に磁界を印加する場合，磁束は超伝導体の内部へ侵
入することはできない．このため内部の磁界はゼロであり，完全反磁性体と同等の反
発力を受ける．この現象はドイツのマイスナー（W. Meissner）とオクセンフェルト
（R. Ochsenfeld）によって発見され，マイスナー効果とよばれている．

 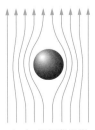

（ａ）常伝導状態　　　（ｂ）超伝導状態

図 12.2　マイスナー効果．磁束は常伝導体に侵入することができる（ａ）が，
　　　　　超伝導体には侵入することができない（ｂ）

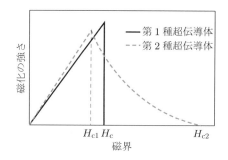

図12.3 第 1 種と第 2 種超伝導体（H_{c1}：下部臨界磁界，H_{c2}：上部臨界磁界）

　超伝導体内部に磁束が侵入できないのは，表面に遮蔽電流とよばれる電流が流れて外部磁界と打ち消しあうからである．遮蔽電流層の厚みは 0.1 µm 程度である．

　外部磁界を強くしていくと，ある値で超伝導状態が破れる．このときの磁界が臨界磁界 H_c である．H_c は温度に依存し，温度が高くなるほど，H_c は低くなる．

　図 12.3 に示すように，超伝導体の磁界と磁化の関係には 2 種類の型がある．H_c で超伝導体に磁束が一気に侵入して超伝導が破れる第 1 種超伝導体と，H_{c1} で磁束の侵入がはじまり，その量が徐々に増加して，ついには H_{c2} で常伝導体になる第 2 種超伝導体である．

　第 2 種超伝導体に磁束が侵入を開始する磁界を下部臨界磁界（H_{c1}），超伝導状態が完全に壊れる磁界を上部臨界磁界（H_{c2}）とよぶ．H_{c1} と H_{c2} との間では，常伝導相と超伝導相が混在しており，見かけの電気抵抗はゼロである．

　第 2 種の超伝導物質は，実用的な超伝導材料として使用されている．超伝導磁石などのパワーエレクトロニクスに使用される超伝導ワイヤは第 2 種のものである．第 2 種超伝導体に H_{c1} を超える磁界を与えると，直径 0.1 µm 程度の細い磁束線が超伝導体の中に侵入する．この小さな磁束を磁束量子とよぶ．

　超伝導体に電流を流すと，磁束量子と電流の間には電磁気相互作用が働き，磁束量子が動き，ついには超伝導性が失われる．超伝導材料の性能向上のために磁束量子の動きを止める工夫が行われている．この動きを止める操作をピニング（ピン止め）とよぶ．

　格子欠陥，不純物，析出物，結晶粒界などがピニング効果の役割を果たしている．ピニングをどの程度行えるかが実用材料としての性能を左右する要素である．

　母相の超伝導体が均一な物質ならば，磁束量子線は格子状に規則正しい配列をとる．その一例を図 12.4 に示す．

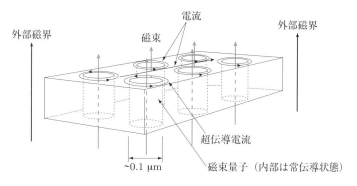

外部磁界　　電流　　磁束　　外部磁界

超伝導電流

~0.1 μm　　磁束量子（内部は常伝導状態）

図12.4 超伝導体中の磁束量子の分布

例題 12.1　　つぎの用語を（　）に入れて，文章を完成させよ.

A：磁束　B：外部　C：磁束量子　D：電気抵抗　E：第2種　F：超伝導臨界　G：遮蔽　H：水銀　I：打ち消しあう

▶ **問1**　冷却によって物質の（　①　）が突然ゼロになる現象が超伝導である. 最初にこの現象が発見された物質は（　②　）である.（　①　）がゼロになる温度が（　③　）温度である.

▶ **問2**　超伝導体の内部に（　④　）が侵入することができないのは，表面に（　⑤　）電流とよばれる電流が流れて（　⑥　）磁界と（　⑦　）からである.

▶ **問3**　超伝導ワイヤなどに使用されている実用的な超伝導体はすべて（　⑧　）超伝導体である. 超伝導体に侵入する磁束は直径 0.1 μm 程度の細いもので，（　⑨　）とよばれている.

解答　①D：電気抵抗　②H：水銀　③F：超伝導臨界　④A：磁束　⑤G：遮蔽　⑥B：外部　⑦I：打ち消しあう　⑧E：第2種　⑨C：磁束量子

12.2　実用超伝導材料

12.2.1　臨界電流

　超伝導体を磁気浮上に使用するためには，コイルのワイヤ断面積 $1\,\mathrm{cm}^2$ あたりに 50万～100万 A の電流を流さなければならない. 超伝導体は電気抵抗がゼロだから，どんなに電流を流してもいいはずであるが，実際には限界がある. この電流によって発生する磁界がある限界を超えると，超伝導が壊れて電気抵抗が生じる.

　この限界値のことを臨界電流 J_c とよぶ. J_c は，それぞれの超伝導材料固有の値で

あると同時に形状にも依存する.

　超伝導電線は，細ければ細いほど 1 cm² あたりに換算した臨界電流 J_c を高くすることができる.しかし，超伝導ワイヤの成分が不均一であったり，欠陥があったりすると，電流が変化するときに欠陥箇所から不安定状態が始まって，超伝導が壊れることがある.

　超伝導状態が壊れると，その瞬間に電気抵抗が生じる.電気抵抗が生じると，大電流が流れているために熱が発生する.温度が上がると，その部分の超伝導性がなくなり，発熱する.この熱が伝わることよって，瞬間的にワイヤは超伝導から常伝導状態になって断線する.超伝導コイルは磁界の力によって押し広げられているので，ワイヤの断線によってコイルは爆発的に破壊する.

12.2.2　超伝導ワイヤの製造法

　高い磁界を発生させる超伝導磁石が製造されている.実用化されている超伝導磁石のコイル線材には，第 2 種超伝導体が使用されており，ピニング効果を高めるために高密度の欠陥が導入されている.この欠陥部で，局所的な超伝導と常伝導状態のゆらぎ現象が発生する.このゆらぎが大きい場合，局所的な発熱によって温度が上昇し，超伝導状態が壊れることがある.これを防ぐために，図 12.5 に示すように，直径数十 µm の超伝導細線を熱伝導性のよい銅材に埋め込む必要がある.発熱による熱エネルギーは容易に銅に吸収されて，短時間のうちに冷えて安定化する.この構造に加工できなければ T_c（超伝導転移温度）や J_c（超伝導臨界電流）がいくら高い超伝導材料であっても，大電流用ワイヤへの応用は難しい.

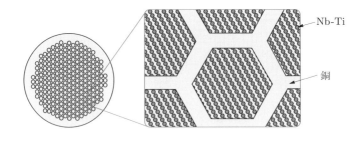

Nb-Ti

銅

図 12.5　大電流用 Nb-Ti 超伝導ワイヤの断面

　実用化されている高磁界発生用の超伝導材料は，すべて J_c の高い第 2 種の性質をもつ合金と金属間化合物である.最初に実用化された超伝導磁石用線材は，T_c が 10.8 K の Nb-Zr 合金であったが，硬く加工が難しいので，加工性のよい Nb-Ti 系合金にとって代わられた.Ti を 34 〜 70％含む Nb-Ti 合金は，Ti の割合が高いほ

ど加工性がよく，7 T（テスラ）以下の比較的低磁界コイル用として製造されている．Ti 50%合金の T_c は約 10 K である．図 12.5 は Nb−Ti 合金超伝導多芯線ワイヤの断面を示している．

Nb−Ti 多芯線の製造は，つぎのようにして行われる．まず，Nb−Ti 合金の丸棒を銅パイプの中に挿入して，パイプの外径より少し小さな孔をもつダイスを通過させることによって径を細くする．この操作を繰り返して，銅でカバーした Nb−Ti 合金の細線を製造する．

この細線を数十〜数百本束ねて，全体を線引きして直径 0.5 mm 以下に加工する．Nb−Ti 合金の直径は数十 μm 程度にまで細線化される．この材料の超伝導特性を向上させるために，Nb−Ti 合金の直径を数 μm に絞りこむ努力が行われている．

J_c が高く超高磁界発生用線材として優れているものが金属間化合物超伝導体である．Nb_3Sn（T_c 18 K）と V_3Ga（T_c 16 K）が実用化されている．これらの化合物は脆くて加工性が悪いので，線引き加工はできない．そこで Nb_3Sn の場合，まず，Cu−Sn 合金パイプの中に Nb 丸棒を挿入し，Nb−Ti 合金細線と同様の線引きを行い，多芯線構造に加工する．その後 700℃ 程度の熱処理を行い，Cu 中の Sn を Nb に拡散させて Nb_3Sn に変化させる．V_3Ga の場合は，V のテープに Ga を拡散させる方法によって製造されている．

例題 12.2 つぎの用語を（ ）に入れて，文章を完成させよ．

A：多芯線　B：銅材　C：熱伝導性　D：銅パイプ　E：丸棒

▶**問1** 超伝導磁石のコイル線材は，直径数十 μm 程度の超伝導細線を（ ① ）のよい（ ② ）に埋めこむ必要がある．

▶**問2** 超伝導ワイヤの製造は，超伝導合金の（ ③ ）を（ ④ ）の中に挿入して，パイプの外径より少し小さな孔をもつダイスを通過させることによって径を細くする．この操作を繰り返すことによって細線にすることができる．この細線を束ねて，全体を絞りこむことによって，（ ⑤ ）を製造する．

解答 ①C：熱伝導性　②B：銅材　③E：丸棒　④D：銅パイプ　⑤A：多芯線

12.3 高温超伝導体

Nb−Ti 合金や Nb_3Sn を使用した超伝導磁石を作動させるための寒剤として，沸点 4.2 K の液体ヘリウムが必要である．ヘリウムは天然ガスに含まれる微量元素であり価格が高いので，沸点 20.4 K の液体水素を寒剤として作動する超伝導体を求める研

究は絶え間なく行われてきた.

　1986 年 1 月, IBM チューリッヒ研究所のベドノルツ（J. G. Bednorz）とミュラー
（K. A. Mueller）は, T_c 30 K の酸化物超伝導体 $(La,Ba)_2CuO_4$ を発見し, 同年 12 月,
東京大学の北沢宏一と田中昭二は T_c 40 K の類似酸化物の合成に成功した. 液体水素
の沸点以上の温度で作動する超伝導体は, 高温超伝導体とよばれるようになり, これ
を契機に, 高温超伝導体の爆発的な探索競争が始まった.

　1987 年, アメリカテキサス大学のチュー（Paul C. W. Chu）によって, T_c 90 K
の $YBa_2Cu_3O_{7-x}$（通称 YBCO）が発見された. YBCO の結晶構造を明らかにした
のは科学技術庁の無機材質研究所（現 物質・材料研究機構）であった. 図 12.6 に
$YBa_2Cu_3O_{7-x}$ の結晶構造を示す.

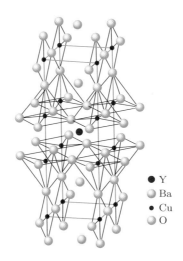

● Y
○ Ba
・ Cu
○ O

図 12.6　酸化物超伝導体（$YBa_2Cu_3O_{7-x}$）の結晶構造.
青線の直方体は単位格子を示している

　沸点 77 K の液体窒素を寒剤とする YBCO の登場によって, これを産業利用する
気運が一気に高まった. 液体窒素は安価であり, 食品製造や冷凍保存用として多量に
使用されている寒剤である. 液体窒素温度で作動する超伝導材料を使用した超伝導磁
石と, 大電力送電線の開発が開始された.

　$YBa_2Cu_3O_{7-x}$ 以降, 次々と新しい酸化物超伝導体が発見された. これらの酸化物
はペロブスカイト構造を基本とし, Cu イオンを 6 個の酸素が取り囲んだ八面体が層
状に配置した構造をもっていることが特徴である. ペロブスカイトは $CaTiO_3$ を主
成分とする鉱物名であり, 強誘電体の $BaTiO_3$（チタン酸バリウム）はペロブスカイ
トと同じ結晶構造をもっている.

1988 年，T_c が 110 K の Bi-Sr-Ca-Cu-O 系超伝導体が科学技術庁金属材料研究所（現 物質・材料研究機構）の前田弘らによって発見された．この物質は層状に劈開しやすく，塑性加工ができることから，線材へ加工する研究開発が行われている．しかし，大電流ワイヤとして利用するには金属中に多芯細線として埋めこむことが必要であり，細線加工への挑戦は続いている．

大気圧下でもっとも高い T_c をもつ酸化物超伝導体は HgBa$_2$Ca$_2$Cu$_3$O$_x$ であり，T_c は 134 K である．この物質に超高圧力を印加すると，T_c が上昇し，15 GPa（15 万気圧）下で 153 K を示すことが報告されている．

2002 年，青山学院大学の秋光純らによって，半金属の MgB$_2$（ホウ化マグネシウム）が T_c 40 K の超伝導体であることが発見された．MgB$_2$ は酸化物にくらべて機械加工性に優れており，無害物質であるので線材への研究開発が精力的に行われている．この物質の線材化が完成すると，沸点 20.4 K の液体水素を寒材として使用する超伝導磁石が実用化されることであろう．

2008 年，東京工業大学の細野秀雄らは，LaFeAsO が T_c 32 K の超伝導体であることを発見した．Fe を含む物質は超伝導性をもたないという常識を覆す発見であり，超伝導現象そのものが見直されつつある．

超伝導物質に圧力をかけて圧縮すると転移温度が変化することが知られている．2015 年硫黄の水素化合物 H$_3$S が 203 K，2018 年ランタンの水素化合物 LaH$_{10}$ が 260 K で超伝導を示すことが報告された．これらの研究結果は一対のダイヤモンドで挟み込んだ微小な試料を圧縮する方法によって 100 GPa（1 GPa は約 1 万気圧）以上の圧力下でのみ得られた状態であり，大気圧下に取り出すことはできない．

新型超伝導体の T_c を発見年代とともに図 12.7 に示す．

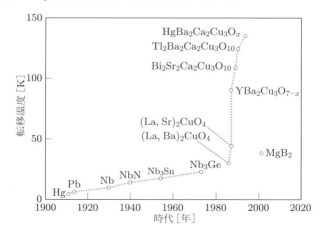

図 12.7　大気圧力下での超伝導体の転移温度

例題 12.3 つぎの用語を（　）に入れて，文章を完成させよ．

> **A**：$YBa_2Cu_3O_{7-x}$ **B**：$(La,Ba)_2CuO_4$ **C**：30 **D**：77 **E**：90

1986 年 T_c（　①　）K の酸化物超伝導体（　②　）の発見が契機になって，高温超伝導体の探索競争が行われた．沸点（　③　）K の液体窒素で冷却して超伝導を示す物質として，最初に発見された酸化物が（　④　）であり，（　⑤　）K 以下で超伝導性を示す．

解答 ①**C**：30 ②**B**：$(La,Ba)_2CuO_4$ ③**D**：77 ④**A**：$YBa_2Cu_3O_{7-x}$ ⑤**E**：90

12.4 超伝導材料の応用例

12.4.1 磁気浮上列車

2 個の永久磁石の N 極と S 極を近づけると引き合い，同じ極を近づけると反発する．コイルに電流を流すと磁界が発生し，磁石と同等の機能を示す．磁気浮上列車には超伝導磁石が搭載されており，これを永久磁石と同等のものとみなすことができる．列車の軌道には一辺が数 m の角型の空芯コイルが，列車進行方向に隙間なく取りつけられている．列車が動いているとき，超伝導磁石の磁界によって，空芯コイル中には磁界の変化を打ち消す方向に誘導電流が流れ，反対向きの磁界が発生する．超伝導磁石コイルの巻き方向と，軌道の空芯コイルの巻き方向が平行の場合，超伝導磁石と空芯コイルの間には反発力が発生し，列車は浮上する．

2014 年に着工した JR リニア中央新幹線は，Nb-Ti 合金製の超伝導磁石を使用した磁気浮上方式による運行が予定されており，新しい浮上方式が採用された．列車各車両の前後両側には，それぞれ超伝導磁石が取りつけられ，一方，列車が走行する軌道の壁には，進行方向に沿って角型空芯コイルが隙間なく取りつけられている．

磁気浮上列車は，停止時に浮上することができないので，車輪を使って走行する．走行とともに超伝導磁石の磁界によって，コイルには誘導電流が励起される．この誘導電流の方向は超伝導磁石の磁界を打ち消す方向のものである．以上は単純な形状のコイルについてであるが，コイルの形状を工夫することによって，図 12.8 に示すような磁界を発生させることができる．図左側の列車 N 極と壁のコイル N 極の間に斜め上方の反発力が働き，コイルの S 極との間には引力が発生する．反発力が引力より大きければ，車体は持ち上げられる．右側の列車 S 極と壁のコイルも同様の関係にあり，列車は走行中，壁との反発力によって浮上する．走行中列車が安定して浮上走行するために，軌道の壁には複雑な形状の空芯コイルが設置される．

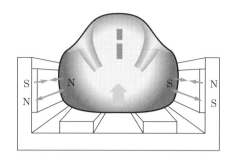

図 **12.8** 磁気浮上列車の動作原理

　列車の進行方向への移動は別の推進用のコイルを壁に取りつけ，別の電源から電流を供給し，移動用磁界を発生させ，列車の超伝導磁石の磁界との相互作用によって行う．

12.4.2 酸化物高温超伝導ワイヤ

　多くの発電所は電力消費地までの距離が長く，電力送電による損失は無視できない量である．送電損失のほとんどは送電線の電気抵抗による発熱損失である．銅はアルミニウムより電気抵抗が小さいが，銅線の製造コストは高いので，アルミニウムと銅とを組み合わせた送電ワイヤが多く使用されている．超伝導ワイヤの電気抵抗はゼロなので，送電損失は極めて小さいが，送電線を冷却するコストが非常に高いため実用化が進んでいない．

　液体窒素で作動する酸化物超伝導体のワイヤを使用することができるならば，冷却コストを大幅に引き下げられる可能性があることから，酸化物超伝導体ワイヤの開発が行われている．

　酸化物超伝導体は，原料粉末を焼き固めた多結晶体である．これを線材にするために，銀製チューブに粉末原料をつめて，引き抜き法によって絞り込んだ後に全体を熱処理し，粉末粒どうしを焼結させることによって，固化させる方法が開発されている．

　短いワイヤでは断面積 $1\,cm^2$ あたり数十万 A の通電に成功しているが，この方法によって，数 km にもわたって欠陥のないワイヤを製作するには至っていない．

　一方，帯状の金属に酸化物超伝導体を膜状に付着させたワイヤが製作され，超伝導電流を流すことに成功したことが報告されている．これを何百層も重ねたワイヤを製作して，超伝導コイルを製造する技術開発が行われている．

12.4.3　酸化物超伝導体コネクタ

　超伝導磁石を作動させるためには，コイル全体を冷却し，超伝導状態にした上で外部電源より電流を注入し，所定の電流をコイルに流し，注入回路から切り離す操作が必要である．その後，コイルには永久電流が流れ，安定した磁界が発生する．外部電源よりコイルに電流を注入するためには，室温の電源と超伝導コイルを銅製の大電流用ワイヤに接続する必要がある．すると，銅製ケーブルを伝わって外部から熱が流入するために，寒剤の液体ヘリウムが蒸発し都合が悪い．そこで，銅製ケーブルと超伝導コイルの間に，熱伝導率が小さな酸化物超伝導体製の棒状のコネクタを入れることによって，液体ヘリウムの損失を抑えることができる．

　すでに酸化物超伝導体コネクタは実用化され，超伝導磁石と外部電源との接続部に使用されている．

12.4.4　超伝導永久磁石

　酸化物高温超伝導体は線材への加工の難しさが難点であるが，高い T_c をもつことから，バルク（固形）磁石材料としての用途開発が行われている．

　強力なバルク状の超伝導磁石が（公財）国際超電導産業技術研究センターで開発された．Y–Ba–Cu–O 系超伝導体は，超伝導体中に非超伝導体粒子が分散しており，この分散粒子が磁束量子のピニング効果の役割をはたすため，強力な超伝導磁石として利用することができる．

　この材料に磁界をかけた状態で超伝導転移温度以下に冷却すると，分散粒子の強いピニング効果によって磁束量子は超伝導の中に固定され，永久磁石のような振る舞いをする．

　この素材を平面状に床に並べ，外部から磁界を印加しながら液体窒素で冷却し，その上に強力な Nd–Fe–B 系永久磁石を取りつけた板をのせると浮遊状態が保たれる．このしくみを利用して，体重 150 kg 級の力士を浮上させるデモンストレーションが行われ，話題になったことがある．

12.4.5　超伝導材料のエレクトロニクスへの応用

　大電流を必要としない分野への超伝導材料の利用は，細線化加工の問題がないので，脆い超伝導体をそのまま使用することができる．二つの超伝導体の間に厚さ 1 nm 程度の薄い絶縁体層を挟んで電界を印加すると，適当な条件の下で通過電流が流れる．この現象をトンネル効果とよんでいる．この素子に一定の電界を印加して，外部磁界を変化させると，トンネル電流は磁界の変化に応じて不連続的に変化する．この現象を利用して，超高感度の磁界測定を行うことができる．トンネル効果を利用したこの

素子はジョセフソン素子とよばれ，磁気測定装置の高感度センサとして実用化されている．

　ジョセフソン素子の製作はつぎのように行う．図 12.9 に示すように，絶縁体基板上に Nb（ニオブ）や Pb（鉛）のような超伝導体と，この間に挿入する絶縁体層を真空蒸着によって，膜状に付着させる．

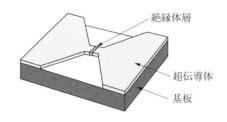

　絶縁体層
　超伝導体
　基板

図 12.9　ジョセフソン素子

例題 12.4　つぎの用語を（　）に入れて，文章を完成させよ．

A：電流　B：磁界　C：超伝導磁石　D：酸化物　E：熱伝導率　F：永久磁石　G：空芯　H：磁束量子　I：小さい　J：常伝導体　K：打ち消す

▷ **問 1**　超伝導磁気浮上列車には（ ① ）が搭載されており，列車の軌道には（ ② ）コイルが進行方向に沿って隙間なく取りつけられている．（ ① ）のつくる（ ③ ）が移動するとき，コイルにはその（ ③ ）を（ ④ ）方向に（ ⑤ ）が流れ，反対向きの（ ③ ）が発生する．

▷ **問 2**　液体窒素を寒剤として作動する（ ⑥ ）超伝導体製の電力ワイヤの研究開発が行われているが，欠陥のない長距離ワイヤの製造は極めて難しい．

▷ **問 3**　液体ヘリウムを寒剤とした（ ① ）と常温の外部電源の間に（ ⑥ ）超伝導体製コネクタが使用されている．これは（ ⑥ ）超伝導体の（ ⑦ ）が金属導線にくらべて（ ⑧ ）からである．

▷ **問 4**　（ ⑥ ）超伝導体中に（ ⑨ ）粒子を分散させて，（ ⑩ ）をピニング（ピン止め）することによって，超伝導体は（ ⑪ ）のような性質をもつ．

解答　①C：超伝導磁石　②G：空芯　③B：磁界　④K：打ち消す　⑤A：電流　⑥D：酸化物　⑦E：熱伝導率　⑧I：小さい　⑨J：常伝導体　⑩H：磁束量子　⑪F：永久磁石

演習問題

問題 12.1～12.2 節　　つぎの用語を（　①　）～（　⑧　）に入れて，文章を完成させよ．

> A：第1種　B：第2種　C：磁界　D：磁束　E：スズ　F：ニオブ　G：臨界磁界　H：臨界電流

▶**問1**　超伝導状態の物質に（　①　）を印加したとき，（　②　）は内部に侵入することができない．このため超伝導体の内部の（　①　）はゼロである．

▶**問2**　超伝導体に印加する（　①　）を増加すると，ある値で超伝導状態が失われる．この値が（　③　）であり，この値で（　②　）が一気に侵入して常伝導体に変化する（　④　）超伝導体，この値以上で徐々に侵入し，ついには常伝導体になる（　⑤　）超伝導体がある．

▶**問3**　実用材料として（　⑥　）の高い金属間化合物 Nb_3Sn がある．この材料は，まず銅と（　⑦　）の合金製パイプに（　⑧　）の丸棒を入れ，線引き加工することによって細くした線材を束ねて，さらに線引き加工を繰り返して多芯線ワイヤに加工する．その後，熱処理によって，銅中の（　⑦　）と（　⑧　）を反応させて Nb_3Sn に変化させて製造する．

問題 12.3～12.4 節　　つぎの用語を（　①　）～（　⑨　）に入れて，文章を完成させよ．

> A：超伝導磁石　B：磁界　C：電流　D：線材　E：空芯　F：打ち消す　G：Nb–Ti　H：高温　I：酸化物

▶**問4**　超伝導臨界温度 100 K 以上の（　①　）超伝導体が発見された．その代表的な物質はわが国で発見された Bi, Sr, Ca, Cu を含む（　②　）である．この素材は変形加工ができることから，（　③　）への加工の研究開発が行われている．

▶**問5**　超伝導磁気浮上列車には（　④　）が搭載されており，列車の軌道には（　⑤　）コイルが進行方向に沿って隙間なく取りつけられている．（　④　）のつくる（　⑥　）が移動するとき，コイルにはその（　⑥　）を（　⑦　）方向に（　⑧　）が流れ，反対向きの（　⑥　）が発生する．建設中のリニア中央新幹線には（　⑨　）製の超伝導磁石が使用される．

付　録

■SI について　　材料やエレクトロニクスの分野では SI を使用することが勧められている．SI はフランス語の国際単位系（Système International d'Unités，英語では The International System of Units）の頭文字を並べた略語である．1960 年の国際度量衡総会で採用され，加盟国がなるべく早くこの単位系を使用することが決定されたが，半世紀以上経た現在でも，アメリカやイギリスではいまだ普及していない．

SI は MKS（m, kg, s）を基本とする単位系であるから，インチ，フィート，ポンドを基本とするイギリスとアメリカではその普及は容易でない．日本はフランスとともに，メートル法がもっとも普及している国である．しかし，CGS（cm, g, s）を基本とするものと MKS が混在しているので，すべて m, kg, 秒（s）を基本とするものに頭を切り換えるのは容易ではない．

SI の七つの基本単位と 15 の組立単位，接頭語を表 1〜表 3 に示す．

表 1 ではとくに K（ケルビン）と mole（モル）に注意しよう．K は絶対温度のことであり，0 K が−273.15℃のことである．日本では温度の単位として℃が使われているが，SI では K である．0 K は熱力学的にこれ以下の温度はあり得ない熱力学温度のことであり，K の表示でマイナスはあり得ない．一般にわれわれが使っている℃は，セルシウス度のことであり，物理量としては t で表す．熱力学温度は T で表し，t と T の関係は $t/℃ = T/K − 273.15$ として与えられる．

表に示された物理量を単位で割ると無名数となる．つまり，数と単位を組み合わせたものが物理量である．

表 2 では，力（ニュートン，N），圧力（パスカル，Pa），導電率（ジーメンス，S），磁束密度（テスラ，T）に注目していただきたい．

表1　SI 基本単位

物理量	名称		記号
長さ	メートル	metre	m
質量	キログラム	kilogram	kg
時間	秒	second	s
電流	アンペア	ampere	A
熱力学温度	ケルビン	kelvin	K
光量	カンデラ	candela	cd
物質量	モル	mole	mol

表2 SI 組立単位（誘導単位）

物理量	名称		記号	定義
力	ニュートン	newton	N	$m \cdot kg \cdot s^{-2}$
圧力	パスカル	pascal	Pa	$m^{-1} \cdot kg \cdot s^{-2}$ ($= N \cdot m^{-2}$)
エネルギー	ジュール	joule	J	$m^2 \cdot kg \cdot s^{-2}$ ($= N \cdot m$)
仕事率	ワット	watt	W	$m^2 \cdot kg \cdot s^{-3}$ ($= J \cdot s^{-1}$)
電荷	クーロン	coulomb	C	$A \cdot s$
電位差	ボルト	volt	V	$m^2 \cdot kg \cdot s^{-3} \cdot A^{-1}$ ($= J \cdot A^{-1} \cdot s^{-1} = W \cdot A^{-1}$)
電気抵抗	オーム	ohm	Ω	$m^2 \cdot kg \cdot s^{-3} \cdot A^{-2}$ ($= V \cdot A^{-1}$)
導電率	ジーメンス	siemens	S	$m^{-2} \cdot kg^{-1} \cdot s^3 \cdot A^2$ ($= A \cdot V^{-1}$)
電気容量	ファラド	farad	F	$m^{-2} \cdot kg^{-1} \cdot s^4 \cdot A^2$ ($= A \cdot s \cdot V^{-1} = C \cdot V^{-1}$)
磁束	ウェーバー	weber	Wb	$m^2 \cdot kg \cdot s^{-2} \cdot A^{-1}$ ($= V \cdot s$)
インダクタンス	ヘンリー	henry	H	$m^2 \cdot kg \cdot s^{-2} \cdot A^{-2}$ ($V \cdot A^{-1} \cdot s = Wb \cdot A^{-1}$)
磁束密度	テスラ	tesla	T	$kg \cdot s^{-2} \cdot A^{-1}$ ($= V \cdot s \cdot m^{-2} = Wb \cdot m^{-2}$)
光束	ルーメン	lumen	lm	$cd \cdot sr$
照度	ルクス	lux	lx	$m^{-2} \cdot cd \cdot sr$
周波数	ヘルツ	hertz	Hz	s^{-1}

　表3の接頭語は，知らないものがあったら全部覚える必要がある．たとえば，材料の微細組織を表す単位として，ミクロンが多く使われている．ミクロン（micron）は μm（マイクロメートル）のことである．μ は 10^{-6}，つまり百万分の1のことで，μm は1mの百万分の1, 1mm の千分の1のことである．1μm の千分の1が nm（ナノメートル）である．

　ナノテクという用語が一般化している．このナノは上記の nm からきた用語である．通常 0.1μm（100nm）以下の微細加工技術をナノテクノロジー（nanotechnology）とよんでいるが，最近では超微細構造を利用する技術もすべてナノテクと総称するようになった．

表3　SI 接頭語

乗数	接頭語		乗数	接頭語	
10^{-1}	d	デシ	10	da	デカ
10^{-2}	c	センチ	10^2	h	ヘクト
10^{-3}	m	ミリ	10^3	k	キロ
10^{-6}	μ	マイクロ	10^6	M	メガ
10^{-9}	n	ナノ	10^9	G	ギガ
10^{-12}	p	ピコ	10^{12}	T	テラ

演習問題解答

---------- 第1章 ----------

▶問1～問5の解答

①E：材料 ②H：物質 ③A：加工 ④G：非晶質（またはN：アモルファス） ⑤N：アモルファス（またはG：非晶質） ⑥B：格子欠陥 ⑦K：転位 ⑧I：焼結体 ⑨C：多結晶体 ⑩J：単結晶 ⑪L：結晶粒 ⑫M：ホウ素（またはD：炭素） ⑬D：炭素（またはM：ホウ素） ⑭F：溶融体

▶問6～問11の解答

①J：自由電子 ②H：陽イオン ③E：金属結合 ④G：クーロン力 ⑤K：イオン ⑥C：静電的 ⑦A：斥力 ⑧F：共有結合 ⑨B：異方性 ⑩L：劈開 ⑪O：高分子 ⑫I：塑性加工 ⑬M：炭素原子 ⑭N：ファンデルワールス ⑮D：弱い

▶問12～問15の解答

①B：体心 ②G：面心 ③E：4 ④A：希ガス ⑤D：He ⑥K：Ne ⑦I：Ar ⑧J：副殻 ⑨H：自転 ⑩F：2 ⑪C：遷移金属

---------- 第2章 ----------

▶問1～問7の解答

①E：石英ガラス ②K：銀 ③G：自由電子 ④B：4s ⑤O：1 ⑥C：不純物（またはM：格子欠陥） ⑦M：格子欠陥（またはC：不純物） ⑧A：導電性 ⑨H：ポリアセチレン ⑩L：負 ⑪J：温度補償 ⑫N：PTC ⑬D：チタン酸バリウム ⑭I：バリスタ ⑮F：酸化亜鉛

▶問8～問12の解答

①D：炭素原子 ②F：共有結合 ③A：軟化 ④J：熱可塑性 ⑤I：ポリ四フッ化エチレン ⑥C：ポリイミド樹脂 ⑦E：200℃ ⑧H：窒化ホウ素 ⑨B：グリーンシート ⑩G：プリント

---------- 第3章 ----------

▶問1～問6の解答

①D：電子 ②H：電子分極 ③J：誘電率 ④B：面積 ⑤K：常誘電体 ⑥C：キュリー ⑦F：反比例 ⑧G：薄くする ⑨I：分域 ⑩A：電気双極子 ⑪E：高周波

▶問7～問9の解答

①C：正方晶 ②A：キュリー ③G：立方晶 ④B：極大 ⑤E：減少 ⑥D：焼結体 ⑦F：粒界（BL）

─────────── 第4章 ───────────

▶問1〜問5の解答

①D：混晶　②G：PZT　③E：電気機械結合　④A：1　⑤I：縦波　⑥B：超音波
⑦J：1800　⑧C：0.12　⑨L：積層　⑩H：櫛　⑪F：表面弾性波　⑫K：SAW

▶問6〜問8の解答

①D：電歪　②C：$PbTiO_3$　③F：$MgNbO_3$　④E：焦電体　⑤B：赤外線　⑥G：
PZT　⑦A：$(Pb,La)TiO_3$

─────────── 第5章 ───────────

▶問1〜問6の解答

①E：磁気双極子　②A：磁気モーメント　③F：スピン磁気モーメント　④J：磁気ス
ピン　⑤C：フェリ　⑥K：6　⑦B：5　⑧G：Fe_3O_4　⑨I：4　⑩H：常磁性体　⑪D：
ゼロ

▶問7〜問11の解答

①C：軟質強磁性体　②G：磁区　③M：$B-H$　④A：直線的　⑤L：角型　⑥D：履
歴　⑦H：外部磁界　⑧K：磁壁　⑨I：磁気異方性　⑩F：不純物　⑪B：鉄　⑫J：立
方晶　⑬E：コバルト

▶問12〜問18の解答

①D：マンガン　②K：家電モータ　③A：ネオジム　④H：ホウ素　⑤L：リサイク
ル　⑥G：酸化バリウム　⑦P：酸化鉄　⑧J：焼結　⑨O：電気抵抗　⑩Q：損失　⑪B：
トランス　⑫C：ケイ素（またはM：アルミニウム）　⑬M：アルミニウム（またはC：
ケイ素）　⑭F：センダスト　⑮N：フェライト　⑯E：磁歪　⑰I：超磁歪

─────────── 第6章 ───────────

▶問1〜問4の解答

①B：磁束　②H：磁気ヘッド　③A：磁区　④I：棒状　⑤K：長軸　⑥G：反磁界
⑦E：形状磁気異方性　⑧D：ギャップ　⑨F：コイル　⑩J：安定　⑪C：バリウム

▶問5〜問8の解答

①C：硬質　②H：Co　③D：水平　④E：垂直　⑤A：磁気抵抗　⑥G：巨大磁気抵
抗　⑦F：レーザ光　⑧B：光磁気

─────────── 第7章 ───────────

▶問1〜問8の解答

①E：真性　②J：バンドギャップ　③A：大きく　④Q：高い　⑤I：電気抵抗率　⑥D：
減少　⑦O：4　⑧U：13（またはF：15）　⑨F：15（またはU：13）　⑩K：14　⑪G：
ゲルマニウム　⑫B：電子（またはR：正孔）　⑬R：正孔（またはB：電子）　⑭T：価
電子　⑮S：伝導帯　⑯V：禁制　⑰L：$3s^23p^2$　⑱H：励起　⑲M：対数　⑳C：逆
数　㉑P：直線　㉒N：活性化

▶問9〜問15の解答

①G：ホウ素　②I：3　③A：正孔　④O：陰　⑤L：5　⑥P：リン　⑦N：上側　⑧D：伝導帯　⑨H：自由　⑩F：アクセプタ　⑪B：ドナー　⑫J：空乏　⑬M：正　⑭Q：負　⑮K：電子　⑯E：順　⑰C：逆

▶問16〜問18の解答

①D：p　②E：n　③A：コレクタ　④F：エミッタ　⑤B：ベース　⑥H：DRAM　⑦C：コンデンサ　⑧G：記録

第8章

▶問1〜問7の解答

①D：ケイ石　②N：二酸化ケイ素　③A：トリクロロシラン　④G：種結晶　⑤P：回転　⑥H：引き上げる　⑦M：融帯　⑧E：多結晶　⑨L：10^9　⑩C：100　⑪R：ウェハー　⑫B：回路パターン　⑬O：レチクル　⑭Q：10　⑮F：石英ガラス　⑯K：フォトレジスト　⑰I：アルミニウム　⑱J：銅

▶問8〜問11の解答

①D：ゲルマニウム　②C：正四面体　③G：中心　④B：ダイヤモンド　⑤E：禁制帯幅　⑥K：炭素　⑦J：高圧　⑧I：酸化ホウ素　⑨F：エピタキシー　⑩A：結晶構造　⑪H：膜状

第9章

▶問1〜問2の解答

①E：発光ダイオード　②A：窒化ガリウム　③D：位相　④C：半導体レーザ　⑤B：石英ガラス

▶問3〜問6の解答

①I：パルス信号　②E：pn　③J：二酸化ケイ素　④A：トランジスタ　⑤F：増幅　⑥B：フォトトランジスタ　⑦H：1000　⑧G：10　⑨D：CMOS　⑩C：CCD

▶問7〜問11の解答

①L：二酸化ケイ素　②A：1.5　③F：近赤外線　④C：コア　⑤B：クラッド　⑥K：臨界角　⑦J：全反射　⑧M：鉄　⑨G：遷移金属　⑩H：酸化ゲルマニウム　⑪D：パルス　⑫E：変形　⑬I：中継器

▶問12〜問15の解答

①C：ルビー　②F：クロム　③G：YAG　④J：弱い光　⑤H：短い　⑥D：半分　⑦A：接続部　⑧I：反射　⑨B：アイソレータ　⑩E：イットリウム

第10章

▶問1〜問6の解答

①I：結晶（またはE：液体）　②E：液体（またはI：結晶）　③A：棒状　④B：配向　⑤K：偏光　⑥C：直角　⑦L：らせん　⑧D：電界　⑨M：フィルタ　⑩O：赤　⑪N：緑　⑫P：青　⑬F：水銀　⑭G：紫外線　⑮J：蛍光体　⑯H：透明電極

▶問7〜問9の解答

①C：発光 ②D：光源 ③F：膜状 ④A：酸化インジウム ⑤G：酸化スズ ⑥B：回路 ⑦H：マスク ⑧E：蒸着

▶問10〜問12の解答

①F：渦巻き状 ②B：ピット ③A：レーザ光 ④E：PMMA ⑤C：重合 ⑥D：レンズ

─────────── 第11章 ───────────

▶問1〜問5の解答

①D：pn ②B：起電力 ③A：太陽電池 ④E：ソーラーパネル ⑤C：ソーラーアレイ ⑥M：ウェハー ⑦H：素材コスト ⑧G：光反射防止膜 ⑨I：層状構造 ⑩J：アモルファスシリコン ⑪L：原料ガス ⑫K：薄い膜 ⑬F：規則的

▶問6〜問8の解答

①D：電解質 ②A：1次電池 ③B：充電 ④I：2次電池 ⑤C：アルカリマンガン ⑥G：二酸化マンガン ⑦K：亜鉛 ⑧J：水酸化カリウム ⑨F：ニッケル・水素 ⑩H：水素吸蔵合金 ⑪E：リチウムイオン

▶問9〜問11の解答

①D：酸化 ②E：水素 ③F：高分子 ④G：80〜100℃ ⑤H：白金 ⑥C：リン酸水溶液 ⑦A：約200℃ ⑧B：天然ガス

─────────── 第12章 ───────────

▶問1〜問3の解答

①C：磁界 ②D：磁束 ③G：臨界磁界 ④A：第1種 ⑤B：第2種 ⑥H：臨界電流 ⑦E：スズ ⑧F：ニオブ

▶問4〜問5の解答

①H：高温 ②I：酸化物 ③D：線材 ④A：超伝導磁石 ⑤E：空芯 ⑥B：磁界 ⑦F：打ち消す ⑧C：電流 ⑨G：Nb-Ti

索　引

著　者　略　歴

澤岡　昭（さわおか・あきら）
　1963 年　北海道大学理学部物理学科卒業
　1965 年　大阪大学基礎工学部物性物理工学科助手
　　　　　東京工業大学教授，応用セラミックス研究所長を経て
　　　　　大同大学長
　現　在　東京工業大学名誉教授，大同大学名誉学長
　　　　　理学博士

編集担当　上村紗帆（森北出版）
編集責任　藤原祐介（森北出版）
組　　版　双文社印刷
印　　刷　創栄図書印刷
製　　本　同

電子・光材料（第 2 版）新装版　　　　　　　　　　　　　　　　ⓒ澤岡　昭　*2020*
　―基礎から応用まで―
2007 年　4 月　6 日　　第 1 版第 1 刷発行　　　【本書の無断転載を禁ず】
2013 年　8 月 30 日　　第 1 版第 4 刷発行
2015 年 12 月 21 日　　第 2 版第 1 刷発行
2019 年　3 月　8 日　　第 2 版第 3 刷発行
2020 年 10 月 27 日　　第 2 版新装版第 1 刷発行
2024 年　3 月 19 日　　第 2 版新装版第 3 刷発行

著　　者　澤岡　昭
発 行 者　森北博巳
発 行 所　森北出版株式会社
　　　　　東京都千代田区富士見 1-4-11（〒 102-0071）
　　　　　電話 03-3265-8341／FAX 03-3264-8709
　　　　　https://www.morikita.co.jp/
　　　　　日本書籍出版協会・自然科学書協会　会員
　　　　　JCOPY ＜（一社）出版者著作権管理機構　委託出版物＞

落丁・乱丁本はお取替えいたします.

Printed in Japan ／ ISBN978-4-627-77373-8

MEMO

MEMO

MEMO